TANSUOFAXIANKEXUEGUAN

探索发现科学馆

人类的秘密

探索者编委会 编著

黑龙江科学技术出版社

图书在版编目（CIP）数据

人类的秘密 / 探索者编委会编著. -- 哈尔滨：黑龙江科学技术出版社, 2016.11
（探索发现科学馆）
ISBN 978-7-5388-9056-3

Ⅰ.①人…　Ⅱ.①探…　Ⅲ.①人类学－普及读物
Ⅳ.①Q98-49

中国版本图书馆CIP数据核字（2016）第228795号

探索发现科学馆：人类的秘密
TANSUO FAXIAN KEXUE GUAN : RENLEI DE MIMI

作　　者　探索者编委会
策划制作　膳书堂
责任编辑　梁祥崇
封面设计　嫁衣工舍
出　　版　黑龙江科学技术出版社
　　　　　地址：哈尔滨市南岗区建设街41号　邮编：150001
　　　　　电话：（0451）53642106　传真：（0451）53642143
　　　　　网址：www.lkcbs.cn　www.lkpub.cn
发　　行　全国新华书店
印　　刷　北京彩虹伟业印刷有限公司
开　　本　710 mm × 1000 mm　1/16
印　　张　12
字　　数　150千字
版　　次　2016年11月第1版
印　　次　2016年11月第1次印刷
书　　号　ISBN 978-7-5388-9056-3
定　　价　38.80元

前 言
PREFACE

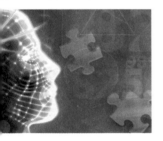

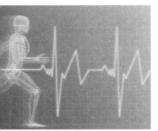

　　地球上的万物都有其形成的原因和过程。人类的出现是地球生态继植物、动物产生之后的又一大巨变。

　　人类在进化的过程中从直立行走到大脑智力的开发运用，在实践中不断积累知识，开始拥有语言、自我意识及解决问题的能力，并创造了复杂的社会结构，成为地球上有史以来已知生物中最具智慧的生物。

　　现在，人类是地球上居于统治地位的物种。对于人类永恒不变的就是，生命开始于一颗受精卵，其在每个阶段的成长，都需要食物和水，需要睡觉，会生病，也会死亡。在这生老病死的过程深深地隐藏着有关人类的秘密。

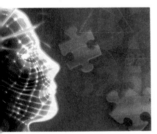
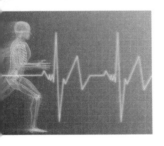

目 录
CONTENTS

part 1 **我们从哪儿来——人类起源**

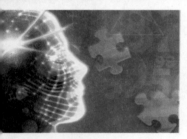

part **2** **看得见的奇迹——生命科学**

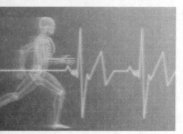

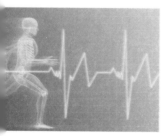

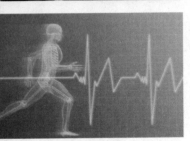

part 3　成长秘籍——人体奥秘

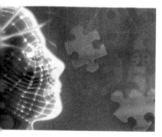
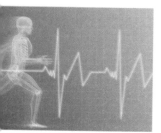

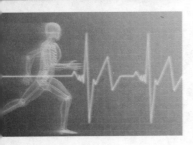

part 4　与生俱来——身体的反应

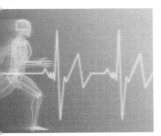

part **5** 未解之谜——特殊的人体

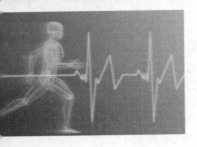

part 1

我们从哪儿来——人类起源

宇宙大爆炸是怎么回事？

追溯人类的起源，就必须从地球上出现生物以及生物的演化开始，而这就要我们先知道地球的形成。据宇宙学家估计，宇宙的年龄是150亿～200亿年。按照现代人们公认的宇宙大爆炸理论，在距今150亿～200亿年，宇宙的物质都高度密集在一点，这一点被称为奇点。奇点被描绘成体积为零、时间停顿的"点"，其本身是一个无限大与无限小相结合的矛盾体，它的形成是一个万古之谜。

奇点有着极高的温度，因而发生了巨大的爆炸，时间和空间也从此开始。

爆炸之初，物质只能以中子、质子、电子、光子和中微子等基本粒子形态存在。宇宙爆炸之后体积不断膨胀，导致温度和密度很快

▶现今的宇宙浩瀚无边

▶宇宙空间存在着形态各异的天体

下降。随着温度降低，逐步形成了原子、分子，并复合成为通常的气体。气体逐渐凝聚成星云，星云进一步形成各种各样的恒星和星系，最终形成我们现在所看到的宇宙。

现今我们居住的地球只是太阳系八大行星中的一个，而太阳系只是银河系中的一个星系，宇宙中有几千万个类似银河系的星系。宇宙大爆炸开启了宇宙的生命，开启了其庞大家族的历史，我们生存的地球只是宇宙家族中很小很小的一个星球。

知识链接

时空

时空是四维的，是时间和空间的统称。近代物理学认为，时间和空间不是独立的、绝对的，而是相互关联的、可变的，它们任何一方的变化都包含着对方的变化，时间存在于空间，空间存在于时间。

地球有多少岁了？

地球是太阳系八大行星之一，按距太阳由近及远的次序排列为第三颗。地球也是太阳系中直径、质量和密度排列第三的类地行星。地球每天以每秒465米的速度自转，自转的同时还在围绕太阳公转。

▶ 地球

目前，地球是人类所知宇宙中唯一存在生命的天体，是上亿种生物的家园。按照科学界流传比较广的观点来说，原始地球大概在太阳系形成约5000万年后诞生，距今已有约46亿年的历史了。

▶ 地球是太阳系八大行星之一，从太空中观望，蔚蓝色的地球十分美丽

地球是如何诞生的?

对于地球的诞生，在科学不发达的古代，每个民族有每个民族的认识。早在中国古代就有盘古开天辟地的神话，而在国外则流行着上帝创造太阳、地球的言论。直到18世纪，人们才开始科学地探索地球的起源。

今天，依据对地球古老地质的研究，地球的起源论可分为三派：

1.灾变说。灾变说认为是另外一颗恒星碰到太阳，碰出了物质，这些碰出的物质形成了行星。有人认为，太阳曾经出现过规模巨大的变动，例如太阳的自转速度变快，由一个恒星分裂为两个恒星，后来因为某种原因，其中一个恒星离开了，离开时所留下的物质形成行星。

也有人认为，太阳原来是一对双星，其中一颗子星被另外靠近的一颗大星拉走了或俘获了。在子星被拉走或俘获时，所留下来的物质就形成了太阳系的行星。

▶ 通过红移现象可知我们的宇宙正在膨胀

▶ 太阳是地球上生物获得能量的主要源泉

而有人则认为，太阳的伴星爆发成超新星，留下的物质形成了行星。另外，还有的观点认为，是太阳自身抛射出来的物质形成了行星。

2.俘获说。这一学派的共同看法认为，是太阳先形成的。太阳形成后，俘获了周围的或宇宙空间里的其他星际物质，而由这些物质形成了行星。

3.共同形成说。形形色色的各类星云说都属于这一学派。在这一学派中，尽管各学者对太阳系内的星球形成和自转及公转有各自的见解，但他们都一致认为太阳系是由一个原始星云逐渐演化而形成的，或者说形成行星的物质来源于太阳或与太阳有关的其他星球。

此外，关于地球的起源学说还有很多，但是地球到底是怎样起源的，现在还没有定论，仍需继续探索。

原始生命是如何出现的？

原始生命的出现是伴随着地球的原子演化过程而出现的。地壳内部大量放射性元素进行裂变和衰变。这个过程所释放能量的积聚和迸发，陨星对地表的频繁撞击，以及可能由于月球被地球捕获时而引起的潮汐力等，都会导致地壳的强烈活动，使得被禁锢在地壳内部的挥发性物质不断喷发出来，形成一个主要由水、一氧化碳、二氧化碳和氮等组成的还原大气圈。水蒸气冷凝后，则在低处汇聚成为海洋。

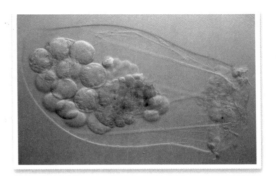

▶海洋生物化石

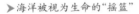

▶海洋被视为生命的"摇篮"

早期的地表环境没有氧气，更没有臭氧层，这就使得高能紫外线能够无阻碍地直射地面。一系列的人工模拟实验证实，在高能紫外线辐射下还原大气圈的气体成分可以合成简单的有机化合物，成为生命发生的最基本材料。这些非生物合成的有机小分子在原始海洋中汇聚起来，经历了漫长的过程，逐渐形成生命前体，最后演化为原始生命。因此，海洋被称为生命的摇篮。

　　现在找到的最早的化石，是出现在南非的球状和杆状结构细菌的化石，经研究已确定这是35亿年前的化石。所以，有科学家估计，生命起源的化学进化距今约40亿年，在30多亿年以前开始出现原核生物，在10多亿年以前才出现了真核生物。

▶大海孕育了最原始的生命

生命物质有什么重要特征？

人类是如何定义生命物质的呢？

1.生命物质可以从环境中吸收自己生活过程中所需要的物质，排放出自己生活过程中不需要的物质。这个过程，叫作新陈代谢。

2.生命物质可以繁殖后代。任何有生命的个体，不管它们的繁殖形式有何不同，它们都具有繁殖新个体的本领。

3.有遗传能力。能把上一代生命个体的特性传递给下一代，使下一代的新个体能够与上一代个体具有相同或者相近的特性。

原始生命出现之后，地球上的生命物体就出现了无限的可能。

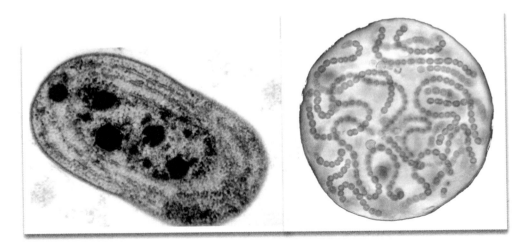

▶蓝藻属于原核生物，是最简单、最原始的藻类

哺乳动物是从什么时候开始出现的？

人类是高等哺乳动物，研究哺乳动物的起源是了解人类历史的最好方法。哺乳动物出现在中生代三叠纪末期，之前是古生代的二叠纪，之后是中生代的侏罗纪。

▶袋鼠是低等的哺乳动物

哺乳动物是脊椎动物中躯体结构、功能行为最为复杂的高级动物类群，因能通过乳腺分泌乳汁来给幼体哺乳而得名。在约2亿年前的三叠纪晚期，早期的哺乳动物与恐龙几乎在同一时期出现。当时，大小恐龙为生态系统的主宰者，而早期的哺乳动物体型微不足道，尽是一类体长12厘米左右、与老鼠体型相仿的小型捕猎者，主要依靠猎食生活在丛林中的昆虫等维持生存。到了6500万年前的白垩纪末期，恐龙灭绝，哺乳动物则因为具备恒温特性，而且它们的小型躯体也减少了热量的散失，使得它们在低温和黑暗中存活了下来。

▶海洋、陆地、空中都可见到哺乳动物的身影

进入新生代，哺乳动物迅速演化出成千上万种不同的物种。据研究推断，早在5000万年前就出现了早期的蝙蝠和鲸，而在4000万年前，如今在哺乳纲下面的各个目就基本都出现了。

▶ 恐龙

猿类出现于什么时期？

▶ 我们只能从化石中推测原始人类的样貌

进化论认为人类是从猿进化而来，那猿最早出现在地球上是什么时间呢？猿类的出现可追溯到地质学上的渐新世（大约开始于3400万年前，终于2300万年前），现在所知的最早的古猿是1908年发现于埃及法雍的原上猿，其生存年代距今3500万～3000万年。比原上猿稍晚的有1966～1967年在法雍发现的埃及猿，生存年代距今为2800万～2600万年。更晚的还有森林古猿，1856年首次发现于法国的圣戈当，后来欧、亚、非洲许多地方都发现了同类型古猿的化石，其生存年代距今2300万～1000万年。这些古猿被认为是现代类人猿和现代人类的共同祖先。

人类起源于哪里?

随着猿类的出现、发展，原始人类开始出现了，但关于人类起源的地区，还存在一定的争议，历史上有以下五种说法。

第一，西欧起源说。有学者认为，欧洲发现的人类遗迹特别多，在1823～1925年的102年中，西欧发现属于旧石器时代及新石器时代的人类遗迹不下116件，属于旧石器之后、新石器之前的人遗骨达236件，两者合计达352件之多。而在亚洲，只有1891年在爪哇发现的爪哇猿人遗迹，直至1927年北京猿人才开始被发掘，当时所得不多。至于非、美洲更无新发现。

第二，北亚起源说。有学者认为，因纽特人实为北方最早出现的人种，并提出因北方冰河所迫原始民族南迁的理论。

第三，中亚起源说。持此观点的学者认为，中亚文明发现极早

▶欧洲、亚洲与非洲被认为是人类起源之地

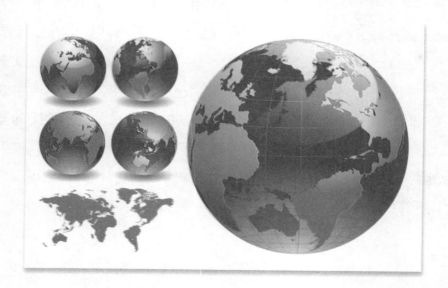

的区域，西边有加尔提、小亚细亚、埃及等古文明区，东边有中国古文明区，在史前时代、古典时代以及中世纪有许多民族从这些地方涌出，东北经过阿拉斯加入北美及南美洲，东南则经马来西亚入澳洲。

第四，亚洲起源说。第一个提出人类起源于亚洲的人，是德国的胚胎学家和进化论者海克尔。此外，曾担任纽约美国自然博物馆馆长的奥斯本也是亚洲起源说的拥护者。奥斯本认为，亚洲位于其他大洲的中央，是各大类哺乳动物起源的地方，有着详细的气候变化记录，特别是中亚高原，南面喜马拉雅山的升高，会造成中亚干燥的时期。这种环境的变化，迫使高等灵长类适应新的环境，结果促成人类的起源。

第五，非洲起源说。自20世纪起，非洲发现了许多不同时期的人类化石。1924年，汤恩在南非发现了南方古猿的化石，以后在南非的其他几个地方和东非的不少地区，发现了多件南方古猿类的化石。它们的形态比猿人（直立人）更为原始，年代比猿人更早，因而确立了人类起源于非洲的论点。相对于其他说法，非洲起源说得到了学术界较为一致的认可。

知识链接

旧石器时代

旧石器时代，即以使用打制石器为标志的人类物质文化发展阶段。从距今约300万年开始，延续到距今1万年左右止。

非洲是"人类的摇篮"吗?

森林古猿被认为是人类和类人猿的共同祖先。它们为一组种类庞杂的化石猿类,其化石发现于亚洲、欧洲、非洲广大地区的中新世和上新世地层中,约生活于1200多万年前。

森林古猿的体质特征界于猿类与人类之间,且肢骨尚未特化,既可向现代猿类方向发展,也可向现代人类方向发展。因此,并不是说所有的森林古猿都是人类的祖先,它们也可能是现代类人猿、大猩猩和黑猩猩的祖先。

森林古猿又分化出巨猿、西瓦古猿和拉玛古猿等几个分支。拉玛古猿生存年代距今1400万~800万年,其化石具有若干人类的特征,如吻部短缩,齿弓向后张开,牙齿排列紧密,犬齿小,釉质厚。这些特点与人类极为相似,但还不能确定就是人类的祖先,它们也有可能

▶南方古猿的化石就发现于东非大裂谷附近

是猩猩的祖先。

拉玛古猿之后，出现了南方古猿，其生存年代距今为约370万～100万年。南方古猿化石最早于1924年在南非约翰内斯堡附近的汤恩被发现，为一幼年头骨，其后陆续在非洲、亚洲发现十多处，其中较突出的代表是1959年在奥杜瓦伊峡谷发现的东非人头骨化石。南方

▶ 类人猿

古猿的体质特征和人接近，齿弓呈抛物线形，犬齿不突出，无齿隙；拇指可和其他四指对握，能使用天然工具；骨盆比猿类宽，能直立行走；其脑容量虽然比人类的小，但脑结构已与人类相近。所以，南方古猿被公认为早期人类。

南方古猿的代表是"露西女士"。1974年，美国学者D.C.约翰逊在埃塞俄比亚的阿法地区发现一具人科动物化石，年代距今约300万年，全身骨骼保存达40%左右，是一位20岁左右的女性。这是目前发现的年代最为久远的南方古猿化石。继"露西女士"之后，人们在非洲又发现了相当丰富的南方古猿化石，这些化石是研究人类起源和发展的极为重要的实物资料。

在学术界普遍认为，南方古猿是人类的直系祖先，所以，非洲才是人类的发祥地。

知识链接

类人猿

类人猿简称猿，是灵长目中除了人类以外最高等的动物，智力是人类的五分之二，主要生活在非洲和东南亚的热带森林中。

人类的发展经历了哪几个阶段？

从距今181万年前至今的时间被称为第四纪，是最新的一个纪。生物界在此纪最接近于现代，尤其是哺乳动物在这一纪进化最为明显。而人类就在这一纪出现了。

人类的发展主要经历了以下几个阶段：

1.早期猿人阶段（距今约300万～约150万年）：能人在东非坦桑尼亚出现，是早期猿人化石代表。能人是介于南方古猿和猿人的中间类型。

2.晚期猿人阶段（距今约150万～20万年）：晚期猿人从非洲扩散到中国、爪哇，最著名的代表是北京猿人（距今约70万～23万年）和爪哇猿人。

猿人被认为是人类的直接祖先，具有人和猿的两重生理构造特征，他们已经能制造石器，是最早能制造工具的人。

3.早期智人阶段（距今约20万年～5万年）：智人在非洲出现并迁移到欧洲。智人是地球上现今全体人类的一个共有名称。

▶能够"站"起来直立行走是人类出现的标志之一

4.晚期智人（新人）阶段（距今4万～1万年）：晚期智人在非洲南部出现。

在更新世晚期，距今3万～2万年，人类通过白令陆桥进入北美洲并向南迁移。

进入全新世后，现代人分布在除南极洲以外的各个大陆，并且成为唯一生存至今的人科动物。

知识链接

北京猿人

北京猿人，现在科学上常称之为"北京直立人"。北京猿人生活在距今约70万～23万年，遗址发现地位于北京西南房山周口店龙骨山。

劳动对人类进化有什么作用？

既然已知道了人类的发祥地，那人类是如何出现在这块土地上，又是什么原因促使着人类不断进化，最终成为了真正的人的呢？

对于人类如何起源，有很多传说和争论。目前，得到较为一致认可的是劳动起源说。

1876年，德国思想家、哲学家

▶在劳动中，人类逐渐学会了制造并使用工具。图为旧石器时代的骨锥

恩格斯写了《劳动在从猿到人转变过程中的作用》一文，指出人类从动物状态中脱离出来的根本原因是劳动，人和动物的本质区别也是劳动。恩格斯在文中论述了从猿到人的转变过程：古代的类人猿最初成

群地生活在热带和亚热带森林中的树上，后来一部分古猿为寻找食物下到地面活动，逐渐学会用两脚直立行走，前肢则解放出来，并能使用石块或木棒等工具，最后发展到用手制造工具。与此同时，在体质上，包括大脑都得到相应的发展，出现了人类的各种特征。在使用工具的劳动中，他们开始萌发了意识，产生了语言，完成了从猿到人的转变。由此，劳动创造人类的科学理论被提出。

另外，还有人认为，自然灾害在人类进化中也起到非常重要的作用。他们认为，正是由于气候变化，使森林地区逐渐稀疏和缩减，树丛间出现了空地，才为森林古猿提供了到地面上活动的条件，猿类才完成了从树居生活向地面生活的过渡，才能开始劳动，并学会制造和使用工具。

其实，人类的进化并不是任何单一原因的促使，而是由多种因素共同作用的结果。从古猿的进化来看，自然气候和劳动都在其进化中起到了一定的促进作用。随着科学技术的进步和化石材料不断被发现，相信人们对人类起源的认识还在不断深化。

▶新石器时代的陶器

火给人类进化带来了怎样的进步？

今天我们对于如何用火已完全不费心，因为那实在是一件简单事，简单到就像吃饭、睡觉。但是，若从远古追溯，火却是人类生存、文明发展不可缺少的重要条件，是促使人类社会发展的巨大动力。

首先，火使人类吃上了熟食。人类的食物范围扩大，这对人的大脑和体质的发展有着重要的意义。

其次，火是原始人黑夜里驱赶虫蛇野兽的有力工具，提高了人类的自卫能力，人类的生存率大大增加。

第三，刀耕火种。原始人类用火烧荒垦田，促进了农业的发展。

总之，火的使用使人类对自然界有了一定的支配权，有了利用和改造自然界的能力。而人能够制造和利用工具能动地改造自然界，这就是人与动物的本质区别。

▶ 火山喷发

▌劳动对语言的产生有什么重要作用?

　　丰富多样的生活内容是语言产生的契机，单调只会产生无聊。虽然远古的人不知道什么叫无聊，而劳动创造的多彩生活实在需要交流与分享，而这种交流的渴望也就让语言的产生成为可能。

　　首先，人类的生产活动是集体的、社会性的。在集体的生产劳动过程中形成的人需要相互协作、互相帮助，彼此之间就产生了交流的需要。正如恩格斯所说："这些正在形成中的人，已经到了彼此之间有些什么非说不可的地步了。"

▶语言是人类特有的一种符号系统，语言的产生方便了人们之间的相互交流

　　其次，劳动提供了产生语言的生理条件，使语言的产生成为可能。类人猿在劳动中直立行走，使肺部和声带的压力减小，可自由加以调节；下颌后缩，与上颌吻合，可构成发音需要的状态；头部减少了对鼻腔的压力，使之发展为理想的发音共鸣器。在劳动中，类人猿不发达的喉头，由于音调的抑扬顿挫不断增多，缓慢地得到了改造，而口部的器官也逐渐学会了发出一个个清晰的声音。随着劳动对语言需要的增强，人类的语言器官也不断发展。最后，类人猿的发音器官终于改造为人类语言器官，发出音节清晰的声音，表达一定的意义，语言就产生了。

　　语言是人类特有的一种符号系统，它是人类区别于其他动物的一个重要标志。

人类是现今生物进化的螺旋桨？

我们说人类是万物之灵，那人类已是生物进化的最高峰了吗？

▶为了生存，各物种都会做出适应自然环境的改变

在生物学中，进化是指种群里的遗传性状在世代之间的变化。自然选择能使有利于生存与繁殖的遗传性状变得更为普遍，并使有害的性状变得更为稀少。经过许多世代之后，自然选择挑出了最适合所处环境的变异，使物种的自然适应得以发生。所以，进化只是为了适应环境而进行的变化，只要是现今仍存在于世界上的物种，都可以认为是成功进化的物种，只不过人类与其他物种相比，具有更丰富的智慧而已。

然而，进化不是一时之事，不是十几年、几十年就可以显现的，进化是十分漫长的过程，可能持续几万年，也可能持续几百万年。所以，从进化角度来讲，没有最高峰，有的是永恒的变化与适应的斗争。

知识链接

自然选择

自然选择指生物在生存斗争中适者生存、不适者被淘汰的现象。自然选择学说最初是由查理·罗伯特·达尔文提出的。按照达尔文的观点，自然选择不过是生物与自然环境相互作用的结果。从进化的观点看，能生存下来的个体不一定就是最适者，只有生存下来并留下众多后代的个体才是最适者。

人类还在继续进化吗？

以今天人类创造的文明来看，人类已是地球上有史以来最具智慧的生物，也是地球目前居于统治者地位的物种。但人类就此停步不前了吗？

我们知道，进化是物种为了适应环境而进行的改变，所以只要环境在变化，物种就会进行相应的改变，人类亦是如此。美国芝加哥大学的一项研究显示，人类的进化过程仍在继续。而通过分析人类基因组，科学家也称，他们已经发现人类在过去1万年间继续进化带来的700处有益的基因变异。

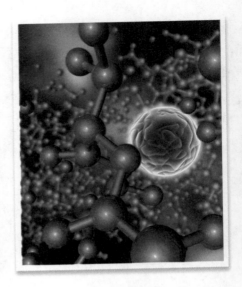

▶基因变异使物种进化得以实现

研究者分析了209个人的基因数据，其中包括89个东亚人、60个欧洲人及60个尼日利亚人。结果，在不同的人种中，发现了几乎相同数量的新的进化迹象。一个典型的例子是，约90%的欧洲人出现了与乳糖分解酵素相关的基因变异——这种变异使得人能够消化牛奶。研究者推测，如果选择的压力一直保持下去，大概数千年后人人都将拥有这种基因。

从最广义的角度来说，一个物种的基因库在一段时间内发生的任何变化，都可以称为进化。从这个意义上说，人类还在继续进化。不仅是人类，所有物种，甚至通过克隆繁殖出来的生命都在不断进化——因为一段时间后，随机的突变必然会使脱氧核糖核酸（DNA）发生变化。而在同一物种内，个体的繁殖能力必定有高有低，通过几代的繁殖，那些繁殖能力高的基因就被扩散开来，而繁殖能力低的基因则被无情地减少，甚至被淘汰。

达尔文进化论的主要内容是什么？

对所有生物的进化问题，都是根据英国生物学家查理·罗伯特·达尔文的进化论思想而形成的。1859年，达尔文出版了《物种起源》一书，在书中他阐述了生物从低级到高级、从简单到复杂的发展规律。达尔文认为，物种的形成及其适应性和多样性主要在于自然选择，生物为适应自然环境和彼此竞争而不断发生变异。适于生存的变异，通过遗传而逐代加强，反之则被淘汰，归纳起来就是：物竞天择，适者生存，优胜劣汰。

1871年，达尔文出版了《人类起源及性选择》一书，将进化论用于动物及人类，阐明了人类在动物界的位置及其由动物进化而来的根据，得出了人类起源于古猿的结论。

达尔文关于人类起源的理论，经过一番激烈的学术和宗教的大争论后，渐渐被科学界所接受。在以后的岁月里，古生物学家通过对古生物化石的研究，在达尔文学说的基础上，形成了现代人类起源说。

▶达尔文的进化论理论较为圆满地解释了人类的来源

进化论为何受到人们的质疑？

> 始祖鸟化石

进化论出现之后，让人类的自我困扰得到了短时间的解脱，且随着远古人类化石的发现，进化论似乎得到了一定的证实。但是进化论并不完美，还是存在一定的缺憾，而其中最重要的问题就是找不到物种过渡形态化石。

根据进化论的理论，进化是连续渐进的，而不是跳跃的，生物发展必然很缓慢，几乎不可能出现大规模的物种突现。因为基因突变是很缓慢的，影响到物种的变化更是一个缓慢的过程。但是，关于人类进化的很多中间物种的化石却始终找不到。尤其是在寒武纪地质层中发现了很多新生物种，可在此之前却几乎没有找到任何生命存在的踪迹，好像这些新生物种是突然出现的。在差别较大的进化物种之间，必须有过渡性的物种，这是进化论的要求，也是进化论的理论基础。因而，进化论理论受到了必然的冲击。

虽然从猿到人的进化中，有许多诸如考古等方面的证据，但是仔细分析起来，猿人和古人之间的过渡类型是什么？是什么力量促使它们变化的？最重要的是，为什么至今都未能找到中间物种的化石？这些问题统统没有答案。对此，达尔文认为这是因为发现的样本太少，并预言随着生

> 科学家认为，始祖鸟是古代爬行类进化到鸟类的一个过渡类型

物考古学的发展，一定会有大量中间物种化石被发现。他自己曾多次说过，今后100年中如果找不到中间物种化石，那么进化论就是错误的！可到现在100多年过去了，古生物学在各方面取得了突飞猛进的发展，唯独"中间物种"没有被发现！

所以，现在国际生物学界对进化论持怀疑态度的科学家越来越多，针对进化论的争议也越来越激烈，只不过目前还没有一个能被广泛接受的、可以取代进化论的科学理论。

达尔文能够解释人种分化吗?

我们知道现在世界有四大肤色人种，分别是黄色、白色、黑色、棕色人种。这四种人分布在世界各地，就其居住地区来说，黄种人基本在亚洲，白种人基本在欧洲，黑种人基本在非洲，而棕色人种则在澳洲，美洲的印第安人大致属于黄种人系，即蒙古人种。这四色人种的区别不仅仅在肤色上，其在生理结构方面也有一定的差别。比如说，黑种人血液当中所含红细胞就与黄种人不同，它能输送更多的氧气，因而黑种人在运动方面有得天独厚的条件；黄种人

▶进化论学说无法解释人种分化的问题

的味觉系统是全世界最发达的，因此中国菜也是五味俱全、花样繁多；而白种人的味觉系统则十分迟钝，所以在吃的方面简单一些，等等。

如果进化论是正确的，那么这四大人种应该是由四种猿演变而来的。然而，进化论又断言，从猿进化到人是自然界中的偶然现象，地

球上只有一支猿类进化成了人，所以不可能普遍适应灵长类的进化模式。这岂不是很矛盾吗？既然已经有一支猿类进化成了人，那么其他猿类为什么不可以进化成人呢？既然只有一支猿类可以进化成人，那么四色人种又是怎么来的呢？如果说有四支不同颜色的猿遗传进化成了四色人种，这本身是违背进化论的，而且我们也找不到地球上曾经存在过黄猿、白猿、黑猿、棕色猿的证据。

▶ 黑色皮肤的小孩

假如说四色人种的确是由一支猿类进化、变异而来，那么这种变异与自然生存又有什么关系呢？大家知道，依据进化论的观点，生物的变异只是为了更好地适应自然环境，而且唯有适于生存的变异才可以保留下来。那么，这支进化中的猿为什么要发生如此变异呢？非洲基本在赤道两侧，属于热带地区，如果非洲黑猿要发生变异的话，也应该变异成白人，这样可以反射一些太阳的光线，在物理学上也说得过去。可是，非洲人种恰恰是黑色的，这要如何解释呢？相似的问题还有，如果说非洲人是黑色的就是符合自然规律，那么美洲印第安人呢？他们一样生活在赤道附近，所接受的紫外线与非洲人一样多，为什么他们的皮肤不是黑色的呢？再说白种人，过去的白种人主要分布在欧洲，地理位置基本在北纬30°以北，已经过了北回归线，像欧洲北部的一些国家，生活的纬度都很高。那么，黑色皮肤不是更可以吸热保温吗，可他们恰恰都是白色的，像冰雪般的颜色，这又是为什么呢？

稀有人种的发现对进化论有何影响?

在非洲扎伊尔的原始森林中，法国巴黎大学植物学教授拉坦博士发现了一个奇特的人种部落，他们的椎骨都突出体外，有的达几厘米，与我们熟知的食肉恐龙的脊椎骨很相似，被称为"恐龙人"。拉坦博士推测，这

▶科莫多巨蜥

些人似乎是从史前爬行动物直接演化而来的。那么，这些恐龙人的祖先是谁? 应该不会是猿类，因为地球上还没有发现背上长角的猿类。

现在，越来越多的证据证实，人类的起源问题历来都是一个古老的新问题，达尔文的进化论中关于人类起源的假设，并不能最终解开这个人们一直关心的谜底。所以，"人类是从哪里来的"这个问题，依然原封未动地摆在那里，还是与人类初期提出这个问题时一样的新鲜。

进化论能解释人类的智力问题吗?

对于人类的智力为什么可以这样高，许多人认为这是源于自然的压力，这些压力包括洋流、冰川、地轴倾角、气候、生物变化等。但是，人类自从诞生以来就生活在地球上，与地球上许许多多动物同样经历着来自大自然的各种压力，由于这种压力是共同的，因此由压力引起的变异也应该具有趋同性。可人类的进化道路，恰恰与其他动物没有丝毫的相同之处，这又是为什么呢？

➤吃东西的大猩猩

正是人类的智力问题，让达尔文的进化论更无法被认同，人类与动物的根本区别就是拥有着思考能力，而达尔文的进化论无法解释这一点。

人类的智力来得莫名其妙。智力的发展应该有两个条件：第一，相对艰苦的生活环境。为了生存，就需要用更多的智力去获取食物。第二，动物的群居性。群居的动物可以形成一定的社会模式，要求以更高的智力来处理。这两个条件都符合我们人类，我们曾经有过相对艰苦的生活环境，我们也是群居动物。但问题在于，这个理论根本没有普遍性，对许多动物而言，目前的生活环境比以往任何时候都要艰苦，人类的捕杀与环境污染使许多动物快要绝种了，而且地球上群居动物绝不仅仅是人类，连蚂蚁都是群居动物。在这两个条件符合的情况下，其他动物的智力发展水平如何？这是一个不需要回答的问题。所以，这也是达尔文的进化论受到质疑的原因之一。

▎直立行走是进化还是退化？

根据进化论的观点，生物遵循从低级到高级、从简单到复杂的发展规律。所以，从古猿到人类的进化应该是从低级到高级的进化，那么，从四肢行走到直立行走真的是进化吗？

有人从进化的角度提出疑问：脊椎动物的四肢都着地，这样分散了脊椎骨的压力，这从生物学的角度来讲是合理的。而人却是直立行走的，直立人的脊柱承受的压力过分集中，反而不如四肢行走的脊椎动物合理，为什么会发生这种进化呢？它是进化还是退化？

达尔文创建的整个人类进化学说，其中有一个必不可少的前提条件，那就是：气候的巨大变化使森林大片消失，类人猿在这样的情况下被迫从树上下到地面，由猿到人的进化过程就从此开始了。

起源于东非大裂谷的南方古猿一直被认为是人类的始祖。但是，最近一些科学家在东非地区的考察推翻了东非气候巨变的说法。他们对肯尼亚大裂谷南端的图根山丘的碳化土壤进行了同位素检测，结果发现，1550万年以来，大裂谷地区的雨林和草原的混合跟今天完全

▶直立行走脊柱承受的压力较大，反而不如四肢行走的动物合理，这是人们对进化论产生质疑的原因之一

相同，根本不存在前述所说的气候大变化。如果这个前提条件在东非是不存在的，那促使猿人手脚分工的环境在哪里呢？同时，人们也发现，蓝田猿人和山顶洞人生活的地区并不是大平原或草原，而是植物比较茂密的山区，世界其他地区的猿人生活环境也基本与此相类似。而在这种自然条件下，用四肢行动难道不比只用后肢行动更为有利一些吗？怎么会发生手脚分化的进化呢？

对于这一疑问，目前用进化论也是无法解释的。

人类为何会进化得如此高级？

虽然对进化论存在质疑，但是对于人类的祖先来自灵长类动物的观点还是得到了普遍认可。就在灵长类动物出现的时候，地球上已经有很多哺乳动物了。从整个生物界考虑，动物的进化虽然在体形上会有很大的不同，但在功能和特点上却是应该有同步进化的特性。然而人类自从诞生以来就生活在地球上，与地球上许许多多动物同样经历着来自大自然的各种压力，由于这种压力是共同的，因此由压力引起的变异也应该具有趋同性。这从我们周围的哺乳动物和爬行动物身上就能看得出来，它们就是沿着一条本质相同的轨迹在进化，有许多特点和功能是相同的。可是，人类的进化道路恰恰与其他动物没有丝毫的相同之处，除了人以外，我们再也找不到直立行走的动物。如果说直立行走标志着动物的进化，那么这种进化就

▶ 猩猩是最像人的动物

不应该单单反映在人类身上，而在其他物种之间也应该有类似的进化发生，这才符合整个地球动物进化的规律。然而，在其他动物中，我们看不到一点点直立行走的趋向。

若单从灵长类动物来看，既然人类与猿、黑猩猩等有着共同的祖先，为什么同样经历漫长岁月，它们几乎没有什么明显的变化，仍然属于灵长类的哺乳动物？若进化论是生物界的普遍规律，那这个规律应该适合所有生物的进化，既然已经有一种猿类进化为人，那么我们为什么没有发现正在进化的其他猿类呢？或者说我们为什么至今没有发现其他猿类进化成人的趋势？

同样，这一问题也是对进化论的一大考验。

知识链接

灵长类动物

灵长类动物属于灵长目。灵长目是哺乳纲的1个目，是目前动物界最高等的类群，包括原猴亚目和类人猿亚目，主要分布于世界上的温暖地区。灵长类中体型最大的是大猩猩，体重可达275千克，最小的是倭狨，体重只有70克。人类也属于灵长目动物。

▌人类从一开始就生活在家庭中吗？

家庭成员是固定的，同时是具有血缘关系的，可人类最初的一个家庭是怎样开始的呢？考古学家们通过对古代洞穴的发掘得出结论，那时男人、女人和儿童是作为一个小团体而生活在一起的。也许这些团队先分裂成为由父亲、母亲和孩子们组成的小单位，我们称之为家庭。在家庭中，保持着温暖的火堆，家庭成员用简陋的武器保护自己不受野兽侵犯。

与其他动物相比，人类更需要以家庭为单位的生活方式。这是因为人类的婴儿是不能自立的小生命。大部分昆虫和其他低等动物的幼体刚刚孵出就会自己行动和觅食，但高等动物，如人类的婴儿、熊和其他兽类的幼仔，却需要父母的哺喂和保护。于是家庭就这样形成了，而且必须有这么一个组织形式。

家庭生活已存在了几十万年之久，在不同的民族中形成了不同的家庭组织形式。

知识链接

人类最早的家庭形式

在原始社会的旧石器时代，人们在内部逐渐地选择了按辈分划分的婚姻，即年龄相近的青壮年兄弟姐妹相互通婚，排斥了上下辈之间的婚姻关系。这时，姐妹是兄弟的共同妻子，兄弟是姐妹的共同丈夫，夫妻都有共同的血缘。

▶ 家庭在人类生存发展中起着重要的作用

人类会出现第五种血型吗？

我们知道，人类目前有四种血型：O型、A型、B型和AB型。每个人都有属于自己的血型，而血型于人体还有着地域的特性，正是因为这一特性，让人们思考，会不会出现第五种血型呢？

科学研究表明，人类的四种血型并不是在所有的人身上同时出现，而是由于不断进化和人们在不同气候地区定居下来后按次序逐渐形成的。O型血的历史最为悠久，出现于距今6万～4万年；A型血出现在距今2.5万年～1.5万年，当时，我们以果实为生的祖先逐渐变为杂食；B型血出现在距今约1.5万年，最早的B型血出现在游牧民族，以适应肉类和乳类食品；AB型血的出现还不到1000年时间，是"携带"A型血的印欧语民族和"携带"B型血的蒙古人混血的产物。AB型血的人继承了耐病的能力，他们的免疫系统更能抵抗细菌。

根据目前四种血型出现的原因，科学家推断完全有可能出现一种新血型，比如说C型。随着现代科技的发展，未来必将面临人口过于稠密、自然资源所剩无几、环境污染等问题，为了适应未来恶劣的生存

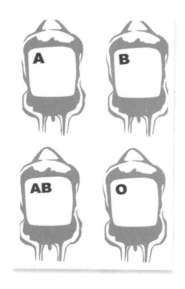

▶人类目前存在的四种血型

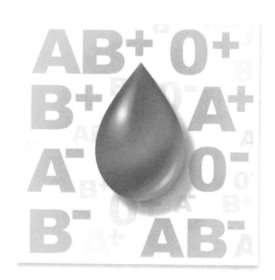

▶不同的血型个体有着不同体质

环境，人类中必将出现新的血型，以此来保持人类物种的延续。虽然这还是一种猜测，但只要人类基因存在变异性，这种猜测就有变为现实的可能。

知识链接

Rh阴性血

　　Rh阴性血是Rh阴性血型的俗称，是非常稀有的血液种类。在中国，99%以上Rh血型者属阳性，Rh阴性血型者极为少见，因此又被称为"熊猫血"。当一个人的红细胞上缺乏D抗原时即为Rh阴性，用Rh（－）表示。

未来人类会长成什么样儿？

　　依照达尔文的进化论，今天的人类和数百万年前的类人猿拥有同样的祖先，但进化到现在，人类的外貌已经和类人猿相去甚远。科学研究表明，人类的外貌一直在逐步变化着，那未来的人类会长成什么样儿呢？

> 人类想象的未来人的模样

　　科学研究表明，饮食在人类外貌变化过程中起了很大的推动作用。自从进入农业社会以来，人类逐渐改变了吃生食的习惯，开始吃烹饪好的粮食和肉类，熟食相对生食易于咀嚼，所以人类的牙齿、头骨和肌肉就长得不像过去那么强壮，人类的脸每1000年缩小1%～2%，我们就逐渐变成了现在的小脸型。

　　未来人类的外貌将如何变化呢？科学家认为，人类未来的外貌进化将去其糟粕，取其精华。首先，男性的长相将女性化。因为一些大城市，社会以女性作为消费需求的对象，届时将会出现带有女性化特点的男性形象。其次，人类独特的直立行走方式让脊柱负荷太重，为了保护脊柱，未来人类的软骨盘会增厚，并且躯干上部将朝地面弯曲，以此来减轻脊柱的负担。因此，未来人类看上去都有些"驼背"。对于人类的未来，还有科学家认为人类随着社会文明程度的增加，未来人类可能会进化成电影中出现过的外星人模样：大脑袋、细身体。

种种推测从理论上讲各有道理，但究竟会如何，我们还是静观其变吧。

▶ 电影中的外星人也许是未来人的样子

知识链接

智 齿

智齿是指人类口腔内最靠近喉咙的牙齿，是牙槽骨上最里面的上下左右各一的四颗第三磨牙。随着社会的进步，人类的食物越来越精细，咀嚼系统发育得越来越差，骨骼发育也不如原来充分，智齿逐渐失去了咀嚼功能。

part 2

看得见的奇迹——生命科学

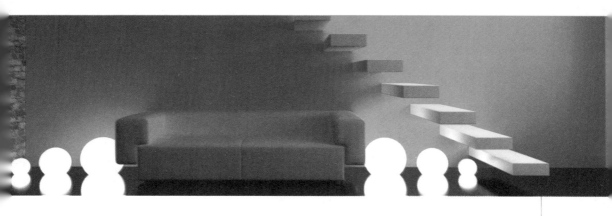

生命是如何从一颗受精卵开始的？

我来自哪里？这是很多孩子都会问妈妈的一个问题。我们的生命来自父母，经过母亲的孕育来到这个世界。

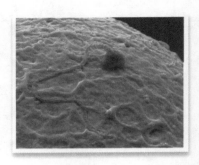

▶新生命是从一颗小小的受精卵开始的

人的生命是从受精卵开始的。当精子与卵子在输卵管里奇迹般地会合后，就会形成一个受精卵，生命也便由此开始了。我们每个人都是由这一颗小小的受精卵发育而来。

其中，精子来自父亲，卵子则来自母亲。卵子受精后，分裂为两个细胞，大约每隔12小时分裂一次。这团细胞从输卵管进入子宫，在子宫内继续发育成胚胎，进而发育为胎儿。一般母体受孕后要经过280天的时间，新生命才会诞生。

每个婴儿呱呱坠地的一刻，都承载着母亲10个月的艰辛，同时也承载着家庭的希望。

▶小宝宝

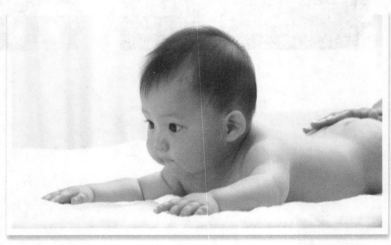

人类的性别是由什么决定的?

　　人类繁衍的过程充满奇迹，生命就在这奇迹中诞生。很多小朋友会好奇，自己为什么是男孩或者女孩？那么生男生女是由什么决定的呢?

　　生男生女并不是随心所欲的，而是由人类的染色体决定的，准确地说，是由父亲的性染色体决定的。性染色体就是决定性别的染色体。

▶生男生女是由受精的精子携带的性染色体决定的

在人类的生殖细胞中，其中有1个为性染色体。女性的性染色体为X、X，男性的性染色体为X、Y。当含X染色体的精子与卵子结合，受精卵为XX型，发育为女胎；若含Y染色体的精子与卵子结合，受精卵为XY型，就发育成男胎。所以，生男生女取决于与卵子结合的精子究竟是含有X染色体，还是含有Y染色体。

　　生男生女并不是由父母自主支配的，而是精子、卵子的随机结合。无论男女，我们都是父母的宝贝。

知识链接

神奇的Y染色体

　　Y染色体，存在于每个男人的每个细胞中。虽然经过多年进化，人体内的其他染色体都发生了巨大的变化，但是这个染色体由于与X染色体匹配度不高（缺少一部分），才得以完整稳定地从父亲传给了儿子。因此，在Y染色体上留下了基因的族谱，Y染色体成为了分析追溯祖先血统的重要工具。

双胞胎是如何出现的？

一样的穿着，相似的长相，这是很多双胞胎的显著特征。有的小朋友也许会问，为什么有的妈妈会生双胞胎呢？这些双胞胎宝宝为什么又有相似的长相呢？

一般情况下，母体卵巢每月只排出一颗卵子，卵子受精发育成为胎儿。但如果受精卵分裂成两个，并且各自发育生长，就会形成两个胎儿，即出现双胞胎。这样的双胞胎为同卵双胞胎，两个胎儿不仅性别、血型、遗传基因都相同，而且连外貌都很难区别。若卵巢一次同时排出两个卵子，并且分别与精子结合，也会形成两个受精卵。不过，这样的双胞胎，两个胎儿的外貌却并不那么相像，性别也不一定相同。

生命的孕育本身就很神奇，而双胞胎则在神奇中给人带来双倍惊喜。

➤长相十分相似的双胞胎

▶孩子长得像父母是由遗传基因决定的

▌子女为何会长得像爸妈?

　　子女的一些特点,如身材、五官等和父母有相似之处,但子女和父母却又不完全一样,这是怎么回事儿呢?

　　孩子长得像父母是由遗传基因决定的。生命从受精卵开始,正常情况下,每一颗受精卵都具有46条染色体,其中一半来自父亲,一半来自母亲。因为染色体是遗传物质的载体,带着人体各种性状的基因分别来自父母,所以儿女会长得像父母。由于基因众多,又会配成与父母不同的染色体结构,所以儿女和父母不完全一样,形成了既像父母又有自己特性的新的个体。

染色体是一种什么物质？

染色体是人体遗传物质——基因的主要载体。它是由脱氧核糖核酸（即DNA）和蛋白质组成的，在显微镜下呈圆柱状或杆状。

DNA是一种分子，可组成遗传指令，是基因组成的材料，又被称为"遗传微粒"。染色体是由双螺旋的DNA分子缠绕而成的。DNA平时散乱分布在细胞核中，但当细胞要准备分裂时，DNA便会与组织蛋白结合，然后缠绕起来，成为巨大的清楚的染色体。尤其当染色体复制完尚未分开时，若将染色体染色，透过显微镜便可清楚看见连在一起的姐妹染色体。

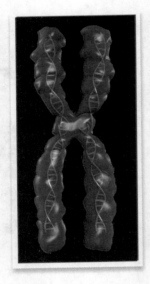

▶染色体

许多人类疾病都是染色体发生部分缺失、倒位、易位、重复导致的结果。进行染色体组型检查，可以告诉我们DNA是否异常等。

知识链接

染色体的命名

染色体在显微镜下呈圆柱状或杆状，在细胞发生有丝分裂时期，容易被碱性染料（例如龙胆紫和醋酸洋红）染成深色，所以叫染色体。

▌试管婴儿是在试管中长大的吗？

试管婴儿并不是在试管中长大的婴儿，他们也是在母亲的子宫内成长的。只不过，长成婴儿的受精卵是在人工控制的环境中完成受精过程的。

在我国，人们常把"体外受精和胚胎移植"称为"试管婴儿"。体外受精是现代的一种特殊技术，医生借助仪器把成熟的卵子和精子都拿到体外来，让它们在体外人工控制的环境中完成受精过程。然后把早期胚胎移植到母体的子宫中，胚胎成活就可在母体子宫中孕育成为胎儿。所以，试管婴儿出生之后与普通的小宝宝是没有任何区别的。

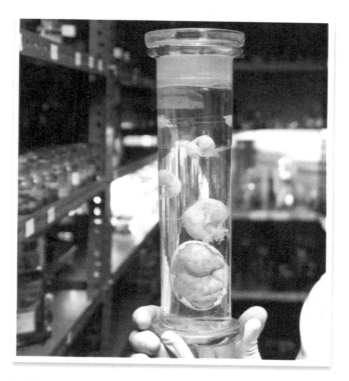

▶ 试管婴儿只是在人工控制的环境下受精，其仍然在母亲子宫中生长发育

克隆是怎么回事?

克隆是英文"clone"的音译，可以解释为复制，就是从原型中产生出同样的复制品，它的外表及遗传基因与原型完全相同，但大多行为、思想不同。

动物克隆技术不需要动物精子和卵子的结合，只需从动物身上提取一个单细胞，用人工的方法将其培养成胚胎，再将胚胎植入雌性动物体内，就可孕育出新的个体。这种以单细胞培养出来的克隆动物，具有与单细胞供体完全相同的特征，是单细胞供体的"复制品"。

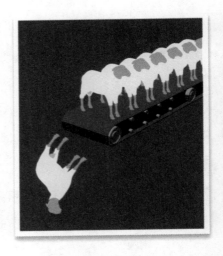

▶ 克隆并不是完美的复制，目前还存在一定的缺陷

英国科学家和美国科学家先后培养出了"克隆羊"和"克隆猴"。照这样来说，人也应该是可以"克隆"的。但是，由于克隆并不是完美的复制，目前还存在一定的缺陷，因此一些生物技术发达的国家，大都明令禁止进行人的克隆。

知识链接

克隆羊多莉

多莉是世界上第一只用已经分化的成熟的体细胞(乳腺细胞)克隆出的羊。克隆羊多莉诞生于1996年，它是科学界克隆成就的一大飞跃，引起了世界轰动。但多莉只活到6岁，在2003年2月去世。目前多莉的尸体被制成标本，存放在苏格兰国家博物馆。

人每天都需要喝水吗?

水是人体的生命之源，也是构成一切生物体的基本成分。不论是动物还是植物，均以水维持最基本的生命活动。

人的体重50%～70%是水分。水是人体细胞和体液的主要组成成分，人体血液中大约90%是水。水又是人体吸收营养、输送营养物质的介质，可以输送养分到身体的每个细胞；水还是人体排泄废物的载体，可输出废物到肺、肾再排泄出体外。也就是说，人通过水在体内的循环，完成新陈代谢过程。水还具有调节体温、润

▶白开水是最好的饮料

滑关节和各内脏器官等作用。水对人类生命至关重要，如果失水率达20%，就会危及生命。

因此，喝水不仅仅是为了解渴，还关乎人体的健康。正常情况下，人每天至少需要喝1500毫升水。当然，喝水多少也要根据运动、出汗情况而有所改变。

知识链接

白开水是最好的饮料

白开水经过高温杀菌，保证了对身体无害。经研究发现，开水自然冷却后，水中的氯气要比一般自然水降低50%，水的分子结构会发生某些变化，其生物活性比自然水要高出4～5倍，与生物活细胞里的水十分相似，因而易于透过细胞膜被人体吸收。另外，白开水可调节体温，增加血液中的血红蛋白含量，促进新陈代谢。

空气对人体有什么重要性？

空气看不见、摸不着，但它对我们人类而言是不可缺少的。因为空气中的氧气是人类维持生命最重要的物质，它与食物和水一样，是人体健康最根本的要素之一。

氧是维持机体免疫功能活力的关键物质。人在得到充足的氧的情况下，吃进的营养物质经过氧化，才会被细胞利用，转化成能量，供给各个组织器官，保证免疫系统正常工作。

人体的氧储备极少，据测定，健康人体内存氧量只有1.0～1.5升，仅够3～4分钟的消耗，远远不能满足人维持生命的需求。所以人就需要不停的呼吸，以从空气中获取氧气。若人中断呼吸5分钟，就会出现生命危险。

我们虽看不到空气，但却一刻也离不开它。

▶没有空气就没有生命，空气是地球万千生物存在的必备条件

人为什么要摄入一定量的盐？

　　每天不论炒菜还是吃零食，我们都会摄入一定量的盐。盐是人们生活中不可缺少的，是人类生理代谢的必需物质。

　　人的细胞、血液、体液等都要维持一定的渗透压才能保持正常的运转，而渗透压的维持主要是靠各种盐离子，其中以钠、钾离子为主。此外，这些离子在细胞内外的流动还同细胞的能量代谢有关，在维持神经和肌肉的正常兴奋性上盐也起一定的作用。因此，钠、钾等各种盐类物质是人体必需的，也是所有生物必需的。

▶ 盐是人类生理代谢的必需物质

　　由于人每天都会排汗、排尿，会有很多的盐分损失；或者食物中缺乏盐时，体内钠离子的含量也会减少，这时我们就需要补充盐分。特别是夏天容易出汗的季节，更需要补充盐。当然，盐虽重要，但也不要过量摄入，营养学家建议，每人每天摄入5克为宜。

知识链接

渗透压

　　用半透膜把两种不同质量浓度的溶液隔开时会发生渗透现象。渗透作用发生时，在原溶液上所加的恰好能够阻止纯溶剂进入该溶液的机械压强称为渗透压。

▌睡觉是为了什么？

作为自然界中的一员，人类遵循着诸多的自然规律，每当太阳落下黑夜来临，人们也相继进入一天中的睡眠时间。睡眠对人类具有重要的作用。

经过一天的劳累，在睡眠时人的心率减慢、呼吸频率降低、机体代谢降低。睡眠能使大部分脑细胞处于休息状态，使神经细胞得到能量补充，有利于功能恢复，增强人的记忆能力，提高工作效率。

对于少年儿童，睡眠还有助于儿童的生长和智力的发育。人在睡眠时，脑垂体释放生长激素和性激素，同时全身肌肉、关节、软组织放松，得到充分休息。生长激素能促进儿童的生长发育，同时还有利于蛋白质合成，供给细胞能量，进行组织修补，提高人的免疫力。

因此，无论少年儿童还是成年人，每天都要保证一定的睡眠时间。

▶睡眠对人类具有重要作用

人生病是什么导致的?

健康是人们快乐生活的基础，是人们一心所向往的。但疾病的光临，往往会让我们失去健康。那么，人为什么会生病呢？

对于疾病，现代医学认为，是细菌、病毒感染导致人体出现了代谢紊乱。根据当今最流行的观念，生病有两大原因：第一，各类细菌和病毒的入侵，比如流行性感冒、非典等；第二，不良生活方式导致的疾病，如高血压、糖尿病等。

▶疾病总是伴随着人的成长，但一般性疾病不会对人的健康构成威胁

人是由细胞组成的，细胞构成了各种各样的组织，组织构成了各种系统（比如循环系统、消化系统等），各种不同的系统构成了人体；而每一个细胞所需的营养是不同的，人的生长有赖于物质的供给，这些物质就是营养素。如果人摄取的营养素不充足，细胞就不能及时地修复自身，人就会产生各种不适症状，甚致生病。

生老病死是自然规律，生病并不可怕，只要进行积极的治疗，一般疾病都不会对人的健康产生多大威胁。

知识链接

人体必需的六大营养素

人体所必需的营养素有蛋白质、脂肪、糖类、无机盐（矿物质）、维生素、水等六类。

看得见的奇迹——生命科学

049

动脉是如何搏动的？

脉搏是可触摸的动脉搏动。我们把自己一只手的食指、中指和无名指放到另一只手手腕上桡侧，就会摸到脉搏。那么，为什么人体的动脉会有搏动呢？

脉搏的形成有赖于两个基本条件：一是心脏的舒缩，二是动脉管壁的扩张性和弹性。

人体循环系统是输送血液和淋巴的一系列器官和管道的总称。包括心脏、动脉、毛细血管、静脉、淋巴管等。血液经由心脏的左心室收缩而挤压流入主动脉，随即传递到全身动脉。心脏的舒缩使得血压有升有降，血液才有了流动的动力。又因动脉是富有弹性的结缔组织与肌肉所形成的，当大量血液进入动脉使动脉压力变大而使管径扩张，在体表较浅处靠触摸即可感受到动脉的扩张，这就是脉搏。

▶中医号脉就是根据动脉跳动来判断人的健康状况

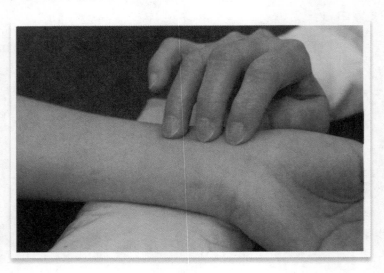

色盲是怎么回事儿?

色盲为一种先天性色觉障碍，通常色盲者不能分辨自然光谱中的各种颜色或某种颜色。色盲最常见的是红绿色盲，即红色盲和绿色盲。平常说的色盲，一般就是指红绿色盲。

患红绿色盲的人不能区分红色和绿色。红色盲患者主要不能分辨红色，对红色与深绿色、蓝色与紫红色以及紫色不能分辨；绿色盲患者不能分辨淡绿色与深红色、紫色与青蓝色、紫红色与灰色，常把绿色视为灰色或暗黑色。

▶色盲是先天性疾病，是染色体异常的表现

一般认为，红绿色盲是由于染色体上的红色盲基因和绿色盲基因导致的。男性只需一个色盲基因，即仅有一条X染色体携带色盲基因就可表现出色盲；女性则需有一对致病的等位基因，即两条X染色体都携带色盲基因才会表现出异常。

知识链接

光　谱

光谱是复色光经过色散系统分光后，按波长的大小依次排列的图案。

近亲结婚会有什么后果？

小朋友的父母之间一般是没有亲近血缘关系的，因为近亲是不能结为夫妻的。

近亲结婚的夫妻双方有共同的祖先，他们从祖先那里继承有若干相同的基因（包括隐性致病基因），若双方隐性致病基因相遇，就会使得后代的先天性缺陷或遗传病显现出来。因此，近亲结婚会使遗传病和先天性身体、智力障碍的发生率大为增加。根据调查，近亲结婚后代的遗传病发病率是非近亲结婚的100倍。为了下一代的健康，很多国家都明令禁止近亲结婚。而且为了后代着想，现在人们也主动拒绝近亲结婚。

知识链接

近亲如何界定

三代以内的直系亲属，如表兄妹或堂兄妹即为近亲。我国婚姻法第七条明确规定，直系血亲和三代以内的旁系血亲禁止婚配。

➤一般夫妻之间都是没有亲近血缘关系的

▶水痘会在儿童之间传播

█ 水痘是一种怎样的疾病?

水痘一年四季均可发病,但以冬、春季节较为多见。水痘发病急,传染性很强,患者多为1~10岁的儿童,这是为什么呢?

水痘是由病毒感染引起的。其传染力强,接触或飞沫均可传染,再加上儿童抵抗力弱,幼儿园、学校里人员又比较密集,一旦有人感染水痘就会迅速传播给其他人,易感儿发病率可达95%以上。水痘一生只感染一次,长一次水痘后人体内就会产生抗体,从而获得终生免疫力。

预防针是用来做什么的?

每个小朋友从出生之后到小学阶段都要打预防针。由于各种预防针的机制不同,所以有的打在胳膊上,有的则打在屁股或头上。

其实,打预防针就是注射疫苗,这是预防传染病的最经济、最有效的手段。接种疫苗使人体产生针对传染病的特异的抗体,就不会再得这种病了。小朋友在婴儿阶段还有从母亲身上获得的抗病能力,但随着时间的延长,这种抗病能力会逐渐消退。抵抗力变弱,就容易患上脊髓灰质炎、麻疹、乙肝、结核病等传染病,而这些传染病是可以预防的。所以,打预防针是保障儿童健康成长的一项重要措施。

➤打预防针能预防一些传染性疾病等,可保证儿童健康成长

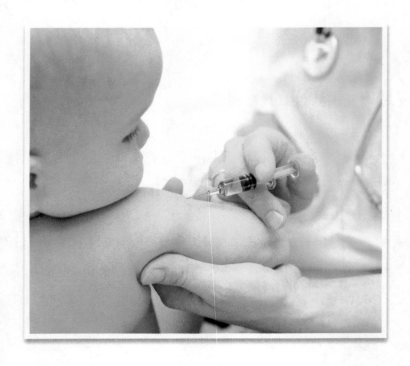

感冒时鼻塞、流鼻涕和打喷嚏是怎么回事？

感冒是很多人都曾患过的普通疾病，虽为小病，但感冒时鼻塞、流鼻涕、打喷嚏等症状也让人十分难受。为什么人感冒时会鼻塞、流鼻涕、打喷嚏呢？

当感冒病毒由呼吸道侵入人体使人感冒时，病毒在鼻腔中活动，使得鼻黏膜肿胀充血，鼻子会分泌较多额外的水分或黏液（分泌物），以帮助我们把死掉的病毒自然地排出体外，所以较多的分泌物就会堵塞鼻腔。由于受到黏液增多的刺激，鼻部神经得

▶感冒后常会出现鼻塞、流鼻涕的症状

到的信息是鼻部有妨碍呼吸的异物存在，应当把异物清除出去。因此，人在感冒时会打喷嚏。频繁地打喷嚏就会使呼吸道内的分泌物随着高压气流的冲击而排出。

知识链接

普通感冒与流行性感冒的区别

普通感冒也称"上呼吸道感染"，是由多种病毒引起的一种呼吸道常见病。一般在受凉、淋雨、过度疲劳后，因抵抗力下降，才容易得病。普通感冒往往是个别现象，一年四季均可发生。

流行性感冒简称流感，是由流感病毒引起的急性呼吸道传染病。在病人咳嗽、打喷嚏时经飞沫传染给别人。流感症状比普通感冒严重，对人体有极大危害。一般来说，冬春季节是流感容易肆虐的时候。

B 超是如何照出内脏的?

随着医学技术的发展，医生的诊病方法在望闻问切的基础上，还可以借助先进的医学仪器清楚地看到人的内脏器官。其中，B超是目前应用最广泛和最简便的一种。为什么用B超就可以看到人体的内脏器官呢?

B超即B型超声诊断仪。人耳只能对频率在20～20000赫兹的声音有感觉。频率在20000赫兹以上的声音人无法听到，这种声音称为超声。超声能向一定方向传播，而且可以穿透物体，如果碰到障碍，就会产生回声，不同的障碍物会产生不同的回声，人们通过仪器将这种回声收集并显示在屏幕上，可以用来了解物体的内部结构。

在医学上应用的超声诊断仪有许多类型，如A型、B型、扇形和多普勒超声型等。其中，B超是临床上应用最广泛的一种，较适用于肝、胆、肾、膀胱、子宫、卵巢等多种器官疾病的诊断。

▶ 通过 B 超可以监测到胎儿在母体中的情况

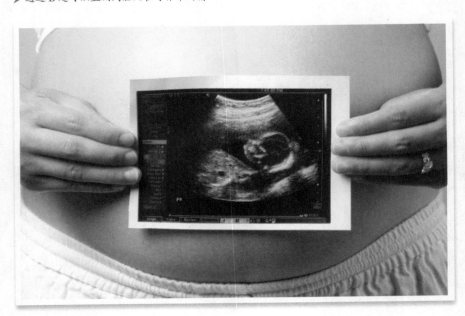

激光是如何治疗皮肤病的?

激光是20世纪人类的伟大发明之一，并且广泛应用于很多领域。在医学中，主要采用的是低强度激光照射治疗，其对皮肤疾病的治疗，得到了广大患者的一致认可。那么，激光治疗皮肤病的原理是什么呢?

激光治疗的原理是激光仪产生的不同波长的激光只能被相应颜色的色素吸收。皮肤病变后，皮肤中某些色素增加。用激光治疗时，激光能量令染料颗粒崩解气化，封闭血管，再由身体吸收染料颗粒并将其排出体外，色素随之消退。由于只有病变的细胞才能吸收特定的激光，所以正常的皮肤组织不受损伤，也不会留下疤痕。

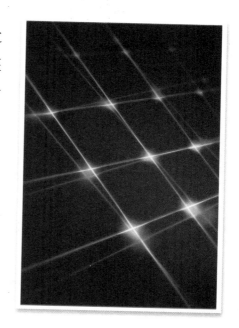

➤ 激光科技

知识链接

激光的特点

激光具有定向发光的特点。普通光源是向四面八方发光，而激光器发射的激光是朝一个方向射出，光束的发散度极小。激光还具有亮度高、颜色纯、能量密度大的特点。

心电图怎样表现心脏的跳动?

心电图是利用心电图机从身体特定部位记录心脏活动过程中产生生物电电流引起电位变化的图形。

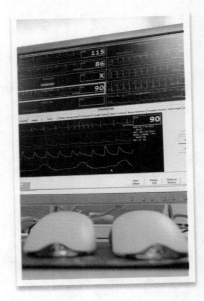

▶心电图机

心脏本身的生物电变化通过心脏周围的导电组织和体液反映到身体表面上来，使身体各部位在每一心动周期中也都发生有规律的电变化活动。正常心电图上的每个心动周期中出现的波形曲线改变是有规律的。当心脏因缺血受损或坏死时，心电活动的变化能正确及时地反映在心电图上，即表现为各个波形的异常变化，这就为医生对心脏疾病的诊断提供了可靠依据。

知识链接

生物电

生物电是生物体所呈现的电现象。生物电是生物体正常生理活动的表现，也是生物活组织的一个基本特征。

X 射线为何能应用于医疗？

　　X射线是一种波长很短的电磁波，具有很高的穿透力，能透过许多对可见光不透明的物质，如墨纸、木料等。这种肉眼看不见的射线还可以使很多固体材料发生可见的荧光，使照相底片感光等。

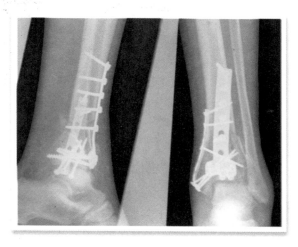

▶由于 X 射线在医学上的应用，我们可以清楚地了解骨骼的状况

　　X射线应用于医学诊断，主要由于X射线穿过人体时受到不同程度的吸收，如骨骼吸收的X射线量比肌肉吸收的要多，那么通过人体后的X射线量就不一样，这样便携带了人体各部密度分布的信息，在荧光屏上或摄影胶片上引起的荧光作用或感光作用的强弱就有较大差别，因而在荧光屏上或摄影胶片上将显示出不同密度的阴影。根据阴影浓淡的对比，再结合其他检查，医生就可以判断人体的某一部分是否正常。

　　X射线对生物细胞有一定的杀伤破坏作用，所以人体受到X射线照射后，会产生一定的生理反应。但一般的医学检查，对X射线透视和摄影所用剂量很小，都限定在安全剂量之内。

知识链接

X射线的发现者

　　X射线由德国物理学家威廉·伦琴于1895年发现，故又称伦琴射线。伦琴因发现X射线，获得了1901年的诺贝尔物理学奖,他也是世界上第一个获得诺贝尔物理学奖的人。

CT 一般用来检查什么疾病？

CT机是计算机体层成像机，它是由X线机发展而来的。CT图像是层面图像，常用的是横断面。为了显示整个器官，需要多个连续的层面图像，可以多角度查看器官和病变的关系。CT机的分辨率和诊断准确性大大高于一般的X线机。

一般来说，CT最适于脑部疾病的检查，如颅脑外伤、脑卒中、脑肿瘤等检查效果最好。其次，CT还可用于心血管系统疾病及胸部、腹部、盆腔等部位病变的检查。可以说，所有器质性疾病都可用CT进行检查。

➤CT 检查

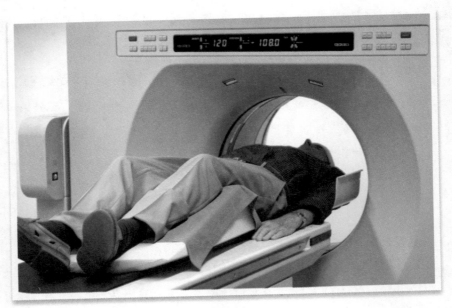

▶人一生中脱落的头发可达 150 万根

头发长得有多快？

男人开始变秃的时候，头发长得不快。可是，年轻人的头发却长得很快。有人曾测量过头发生长的速度，发现头发大约是一个月长12.7毫米。而且，一天之中头发的生长速度也并不相同，存在某种规律性的波动。

在夜间头发长得慢，而随着白天的到来头发的生长速度会加快。一天中，上午10～11时头发生长的速度最快，然后头发生长的速度减慢，到了下午16～18时头发生长的速度再次加快，然后又逐渐慢下来。当然，头发生长速度的变化很小，肉眼不可能发现变化。所以，千万别以为在上午10时站在镜子前面就可以看到自己的头发长出来。

如果身体上所有的毛发不是分别生长而是连成一条线，你就会了解到身体产生的毛发的变化，因为这条毛发线一分钟要长30.48毫米。

胎记是怎么形成的？

胎记，就是指人出生时或出生后不久出现的色素标记。

医学上还不清楚胎记的起因，也尚未发现防止的办法。但是有一件事是肯定的：它绝不是由于母亲在孩子出生前受到惊吓而引起的。

所有人都长有胎记，至少在身体的某个地方有一处。胎记可以出现在皮肤的任何部分，包括头皮。它们在外表上看起来可能大不相同，这是由于它们发生在皮肤的不同层次之上。大部分胎记发生在出生前或刚刚出生之后，但在某些情况下，孩子十五岁之前并不显露出来。

如果不去碰它，胎记对于身体很少造成影响。它最大的危险是可能发生癌变，但是这种情况极其少见，因此大部分有胎记的人并不需要为此而担心。

有许许多多其他的皮肤异常现象可能被认为是胎记，其中之一是微红色的或略带紫色的纹理或色斑，它们是在出生时或出生后不久出现在皮肤上的，往往呈草莓色或木莓色。实际上，这是血管的一种非正常形成物，而且通常不用治疗就会消失。但是许多医生认为，草莓色或木莓色标记应尽早除去，以防癌变。

我们怎样领会三维空间？

当我们往外看对面的田野时，怎样才能知道一个远方的物体比另一个大，或者是一个在另一个后面呢？为什么我们看到的每件东西不是"平"的，而是呈相对的三维视觉效果呢？

事实上，我们看东西的过程不仅是用眼睛，同时还用头脑。我们看到各种事物时凭的是经验，而如果不是我们的头脑能利用它所记住的提示去解释我们所看到的东西，我们眼前就会变得一片混乱。

▶人类能感知的世界是三维的

　　例如，经验赋予了我们一种关于事物大小的概念。一个在离岸有相当距离的船上的人，看上去要比岸上的人小得多。但是，你不会说一个人是很大的人，而另一个是很小的人。

　　你头脑所利用的一些其他"提示"是什么呢?其中之一就是透视。比如，当你望向远处的铁轨时，好像它们是合在一起的，于是你就会得出距离很远的概念。经验告诉我们，近处的物体看上去界限分明，而远处的物体则要模糊些。

　　根据经验，你还能学会如何"看懂"阴影。阴影能向你提示物体的轮廓和相互关系，近处的物体往往能掩盖住离得较远的物体的一些部位。

　　移动一下头的位置，就会帮助你断定一棵树或一根电线杆哪个离你更远。闭上一只眼并移动你的头，较远的物体就好像是和你一起移动，而较近的物体则好像是向另一方向移动。

　　双眼一齐睁开，联合行动也会给予你一些重要的提示。当物体离你较近时，以及你尽力试图使其处于视觉焦点上时，你的两眼就会集中于一点，眼部肌肉就会绷紧。这个绷紧动作就成了对距离的提示。

是什么使我们的眼睛带上颜色？

眼睛是我们身体中最引人注目的器官之一。眼睛就像是一台照相机，有可调节的光圈（瞳孔），以让光线进入眼内；有厚度可变的透镜（晶状体），以将光线聚焦成像；有对光敏感的胶片（视网膜），以记录影像。

那么眼睛的结构到底是怎样的呢？眼睛的形状是球形的，只是在光线进入的

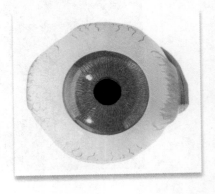

▶ 瞳孔

前部稍稍向外凸出一点。这凸出的部分是角膜，是透明的。角膜使射进眼睛的光线改变方向，又能保护瞳孔。角膜非常敏感，一点灰尘儿或脏物粘在角膜上都能被感觉到，这样，我们便会马上把它移除。

眼睛里的"胶片"便是视网膜。视网膜由10个极薄的层组成，衬在眼睛的里面。现在，我们已经了解眼睛里进光口和感光"胶片"的情况了。

眼睛里有虹膜，虹膜的颜色各不相同。虹膜中心有个黑洞，便是瞳孔。光线由瞳孔射入眼内，进入的光量可以调节。顺便说一句，瞳孔之所以呈黑色，是因为它开向眼睛的黑黝黝的内部。

瞳孔的大小由虹膜调节。在强光下，虹膜把瞳孔缩小成为针尖大的小孔；在光线暗淡的地方，虹膜使瞳孔开大。晶状体有弹性，它的厚度在看远物和看近物时各不相同，可以调节。光线穿过晶状体后方向改变，所以晶状体能使光线落在视网膜上成像。

我们看别人的眼睛内部时，看到的颜色是虹膜的颜色，因为虹膜的纤维里含有色素，用以保护虹膜免受光线的伤害。虹膜中的色素几乎都在虹膜的后部，而虹膜的前部几乎没有什么色素。因为虹膜的前部非常透明，光线通过虹膜前部时被吸收，所以从含色素部分反射出

来的光线看起来是棕色的或蓝色的。虹膜之所以呈棕色或蓝色，是因为光线从虹膜后部色素层反射的缘故。

如果虹膜前部始终不随年龄增长而增加色素，那么它就终生保持原色。

▌人是如何看到不同颜色的？

来自太阳和高热物体的光线称为白光。但是，正如牛顿指出的那样，白光其实是各种色光的混合物。

让一束白光通过一个玻璃棱镜时，我们可以看到虹彩中的各种颜色——红、橙、黄、绿、蓝、靛、紫。每种色调逐渐过渡到后一种颜色，中间没有明显的界限。这种连续的光带就叫光谱。

太阳光是复色光，通过棱镜发生折射以后，这些色光才能显露出来。通过棱镜时每种色光的折射率都略有不同。

▶光波的不同，才让我们看到不同的颜色

复色光分解为单色光而形成光谱的现象称为色散。如果不发生色散，那么阳光在我们的眼睛看来便是白色的。

光的颜色决定于光波的波长。可见光中，紫光的波长最短，红光的波长最长。

我们在周围环境中看到的大部分光线都不是单波长的光，而是许多波长不同的光的混合物。当白光落在某物体上时，某些波长的光被反射出来，而其余的被物体所吸收。例如，一块红布只反射出某些波长的红光而吸收掉其他的光，只有红光反射到你的眼里，你看到布是红色的。

　　所以，颜色其实是光的一种特性。没有光，也就没有颜色。我们的色觉都是进入眼睛的光线引起的。我们之所以能看见物体，是因为它反射光线，物体显示的颜色存在于光线之中，而不是在物体中。

▌人体中存在天然的"肥皂"吗?

　　人体中有一种天然的"肥皂"，它担负人体内的去污、清洁作用，它叫胆汁酸。胆汁酸是一种甾类化合物，结构很庞大。甾体部分可以溶解有机化合物，而羟基部分可以溶解无机化合物，并且能产生比肥皂还多的泡沫。它能把内脏、肠胃中没用的油污一一冲刷掉，所以胆汁酸是名副其实的人体中的"肥皂"。另外，胆汁酸和由它形成的盐还能帮助人体消化器官消化脂肪。

➤人体中的胆汁酸是一种天然的"肥皂"

人体中有哪些奇特"银行"？

20世纪初，奥地利的一个男孩不幸在一次事故中弄瞎了眼睛。与此同时，一位工人的眼睛因角膜被腐蚀性药物烧坏而失明。于是，医生做了一个大胆的手术，把那个男孩的好角膜移到工人的眼睛里，使工人的眼睛奇迹般的恢复了视力。此后，人们开始意识到，应该开设一个"人体银行"，用来专门储存富有生命活力的人体器官，以备患者移植。随着科学技术的发展，各种各样的人体银行已经建立起来了。

眼球银行于1967年在德国开设，是一家专门收集和储存刚刚死亡的人的眼球，供眼科医生为患者移植所设的"银行"。

肾脏银行是美国专门为需要换肾的人设立的"银行"。患严重肾脏疾病的人可以办理预约登记，一旦遇到有人因车祸或事故突然死亡，这所银行就会把健康而又有生命活力的肾脏送往医院，为肾脏病患者换肾。

美国休斯敦有一家"细胞银行"，专门冷冻大量的人体细胞和动物细胞，以供从事细胞研究的科学家使用。这些细胞在−190℃的贮藏室里，可以保存生命活力达1000年之久！

澳大利亚的墨尔本有一家别具一格的"头发银行"，专门为严重脱发的人和老年秃顶者移植服务。

美国有一家人体银行专门收集诺贝尔奖获得者的精子或优秀科学家的精子，为那些生育有困难并且想要一个聪明孩子的妇女进行人工授精。

中国上海的一家医院则办了一间"手指银行"，把具有活力的手指保存在低温的冰柜里，这些手指能够存活1000天。可以为那些缺少手指的人提供再造手指手术。

此外，世界上还出现了"卵子银行""骨头银行""血管银行""耳朵银行""心脏银行"等。可见，"人体银行"的前景十分广阔，给世界上的各类病人带来了希望。

part 3

成长秘籍——人体奥秘

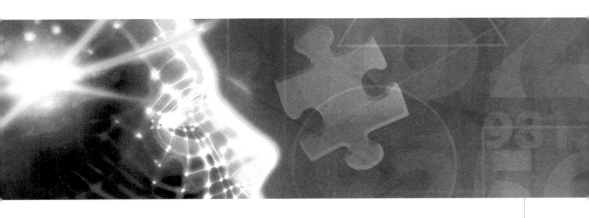

心脏为何能跳动不息？

心脏大概是人体唯一不会偷懒的器官，它在我们的生命形成之初，开始有规律地跳动，一直到我们的生命终止才会停止跳动。心脏为什么能连续跳动几十年甚至上百年呢？心脏跳动的动力又来自何处？

▶ 心脏跳动如钟摆一样有规律

心脏能够一刻不停地跳动，是因为人体右心房处有一种由特殊细胞构成的小结节，即窦房结。窦房结是心脏搏动的最高"司令部"，健康的窦房结具有强大的自律性，它可以自动而有节奏地产生电流，电流按传导组织的顺序传送到心脏的各部位，引起心脏的收缩和舒张，并使心脏进行有节律的周而复始的收缩和舒张活动。心脏跳动可推动血液流动，向器官、组织提供充足的血液，以供应氧和各种营养物质，并带走代谢的产物(如二氧化碳、尿素和尿酸等)，使器官、组织维持正常的生理功能。

知识链接

房　结

窦房结是位于人体右心房外膜上的一个特殊的小结节，由P细胞组成。P细胞是窦房结自搏细胞，它们是心脏中最高级的起搏组织。窦房结可以自动地、有节律地产生电流，电流按传导组织的顺序传送到心脏的各个部位，从而引起心肌细胞的收缩和舒张。可以说，窦房结是心脏搏动的最高"司令部"。

大脑是怎样"分工合作"的？

人的大脑由左右两个半球组成，你知道大脑左右两个半球是如何分工合作的吗？

大脑左右两个半球，每一个半球上分别有运动区、视觉区、听觉区、联合区等神经中枢。由此可见，大脑两个半球是对称的。在神经传导的运作上，两个半球相对的神经中枢彼此配合，发生交叉作用；两个半球的运动区对身体部位的管理，是左右交叉（即左半球管右半身，右半球管左半身）、上下倒置的（即上层管下肢，中层管躯干，下层管头部）；两个半球的视觉区与两眼的关系是：左半球视觉区管理两眼视网膜的左半，右半球视觉区管理两眼视网膜的右半；两个半球的听觉区共同分担管理两耳传入的听觉信息。

在正常情形下，大脑两个半球的功能是分工合作的。在两个半球之间，由神经纤维构成的胼胝体负责沟通两个半球的信息。如果将胼胝体切断，大脑两个半球就被分割开来，两个半球的功能陷入孤立，缺少相应的合作，在行为上会失去统合作用。

大脑两个半球是分工合作的

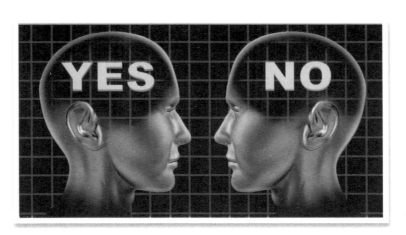

人的记忆为何能长久存在?

生活中我们都会经历很多的人和事，学习很多的知识，但十几年甚至几十年后我们还能想起幼时的朋友、趣事。为什么人的记忆能长久存在呢?

记忆存在于覆盖在人脑表面的大脑皮质之中，记忆的获得与整个大脑的突触的抑制和促进有关。大脑一旦受到刺激，则在每一神经细

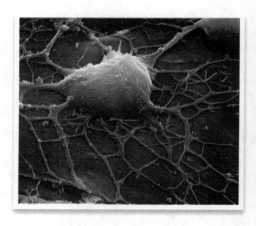

▶神经细胞与人的记忆密切相关

胞(神经元)上生长出更多的突起，这些突起使人脑内部的突触连接。神经联系的总量增加，形成记忆。有神经生物学家证明：即使不再使用，在学习过程中建立起来的细胞突触还是会保留。当这些暂时闲置的存储细胞突触被重新激活，我们就能回忆起以前经历过的事情。此外，这些细胞突触还能让我们更快地熟悉那些曾经学习但被遗忘的知识。

知识链接

突　触

突触是一个神经元的冲动传到另一个神经元或传到其他细胞间的相互接触的结构。突触是神经元之间在功能上发生联系的部位，也是信息传递的关键部位。

大脑是怎样贮存信息的？

大脑贮存信息便是记忆，记忆与学习之间的关系极为密切。

有心理学家曾试图解释人是怎么记住事情的，以及为什么人又会忘掉许多学会的东西。然而，目前还没有找到这些问题的答案。有一种理论认为，当人学习某些东西时，就会发生某种生理变化，他的大脑里会留下某种痕迹或模式。这些记忆（或痕迹记忆）会留在大脑里，只是随着时间的流逝而逐渐消失。

▶ 强化锻炼可以让大脑的记忆力加强

你感受某种具体体验的方式，也会决定你是记住它还是忘掉它。一般来说，人们往往会忘掉令自己不愉快的搅乱自己情绪的内容，而记住那些令自己愉快的内容。

大脑能学会各种各样的任务。大脑发育得好，就能学会更复杂的任务。大脑较简单，学习能力就很差。人类的学习能力是动物中最强的。

但大脑究竟怎样贮存我们称之为记忆的信息，又在哪儿贮存这些信息呢？正如我们说过的那样，科学家还不能充分解释这一现象。

在人脑中，记忆现象可能与大脑皮质的一些区域有关，用微弱的电流刺激这些区域时，人会"记起"过去的经验。这些刺激使大脑"重现"过去贮存在它里面的经验。如果大脑某些区域受伤后，会出现记忆的丧失。

但是，信息是不是就贮存在大脑的这些地方呢？我们还不知道，我们也不知道信息是怎么贮存的。某些科学家认为，信息贮存是个化学过程——某些神经细胞内含有化学编码的信息。而另一些科学家认为，记忆是神经结构中某些持久改变的结果。总之，记忆的原理至今仍是个谜。

打哈欠是怎么回事?

人在劳累、发困的时候都会打哈欠，而且是无法控制地打哈欠，这是为什么呢?

人在学习、工作时间较长时，大脑和身体都会消耗大量能量。消耗能量过多导致血管中积蓄二氧化碳和新陈代谢的其他废物，呼吸也因此减慢并变得更加深沉。当体内二氧化碳过多时，必须增加氧气来供应体内所需，这时身体发出的保护性反应就是打哈欠。打哈欠是一种深呼吸动作，它会让我们比平常更多地吸进氧气和排出二氧化碳，所以能使人消除一部分疲劳。

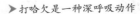

▶打哈欠是一种深呼吸动作

▶涕泪横流

打哈欠时为何会流眼泪?

人在打哈欠的时候还会流眼泪,打完哈欠后,人们都会不由自主地抹一下眼睛。这种现象主要是由于鼻腔内压力升高,使泪囊内的泪液回流至眼球表面引起的。

平时,泪腺都在不断地缓慢分泌泪液,泪液覆盖在眼球的表面有清洁及湿润的作用,加上眨眼的动作,可将眼球表面沾染的异物清除。泪液产生以后,是由一个完整的排泄系统进入鼻腔而排出的,并不滞留在眼球表面。这个排泄系统是由泪点、泪小管、泪囊、鼻泪管所构成的。平时,眼泪都是通过这套系统流到鼻腔中排出,人在大哭的时候,大量的泪水便从眼睛流到鼻腔,因此会出现"涕泪横流"的现象。当这套排泄系统阻塞时,即使不悲伤人也是会流泪的。打哈欠引起的鼻腔内压力升高、脸部肌肉紧张会使泪囊内的泪液回流至眼球表面,泪液过量就会通过流眼泪的方式排出。

打喷嚏是怎么回事?

打喷嚏是从鼻子和嘴里向外喷出气体，这是一个反射行为。打喷嚏是机体从鼻道排除刺激物或外来物的一种方式，它的发生不受人为控制，是人体保护自身的一种本能。

人的鼻黏膜上有许多非常敏感的神经细胞，当刺激性气味或异物进入鼻孔时，神经细胞立刻就把这种情况传递到大脑。于是，大脑发出命令，让肺吸气，再使胸部肌肉猛烈收缩，然后用力从鼻孔和嘴向外喷出气体，把闯进来的东西赶出去。这就是打喷嚏。

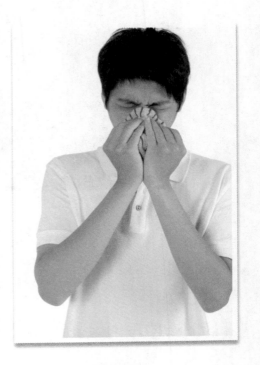

▶打喷嚏也是一种应激反应

人在感冒时就容易打喷嚏，一些鼻炎患者也经常打喷嚏，受到刺激性气味刺激的人同样会打喷嚏，甚至有的人在受到强烈的光线刺激时也会打喷嚏。总而言之，喷嚏的作用就是从体内排出气体来驱除刺激物。

被"挠痒痒"时大笑是怎么回事?

我们很多人都有过这样的感受:当别人给我们搔痒的时候,我们会觉得身痒难耐,且不断大笑。可是,在自己给自己挠痒的时候,我们不仅不会大笑,且还感觉不到痒,这是为什么呢?

从遗传学上来讲,"痒痒"是一种应对敌对行为的神经紧张现象,平常这些地方都属于"非暴露区",受到搔抓刺激的机会很少,加上这些部位的皮肤感受器又比较丰富,因此当被别人挠痒时,大脑会对外来刺激立刻做出反应,人就会觉得特别痒了。而当自己给自己挠痒时,即使碰到了敏感区,由于思想上已有准备,大脑对痒的兴奋刺激已经降低。当大脑觉得自己在"戏弄"自己时,就不感觉到害怕,大脑也就不会发出防范信号,因此人就感觉不到痒了。

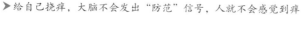

▶给自己挠痒,大脑不会发出"防范"信号,人就不会感觉到痒

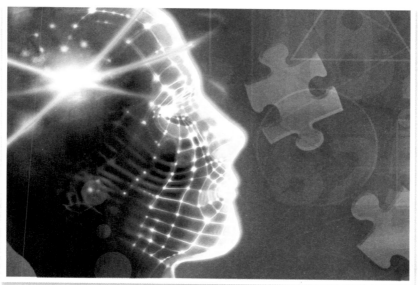

▶亚洲人头发大部分都是黑色的

亚洲人的头发为何是黑色的?

亚洲人的头发绝大部分都是黑色的,如瀑布般的美丽秀发为许多女性增添了一种健康美。为什么头发会呈黑色呢?

头发的颜色取决于真黑素(棕／黑色素)和棕黑素(红／黄色素)之间的比例。亚洲人的头发绝大部分都是黑色的,是因为其头发中真黑素占绝大多数(98%)。头发黑色的深浅变化受所含色素的量、是否有空气泡及毛发表皮构造等因素的影响。

人的毛发以皮质为主,内含少许髓质,所以毛发黑色的前提主要决定于皮质中黑色素的量以及细胞内存在的气泡。皮质中黑色素越多,细胞之间气泡越少,头发颜色就越黑;反之,黑色素量少、气泡多，由于空泡对光的反射，使毛发的颜色变淡以致呈白色。一般随着人体的衰老，色素的形成会越来越少，白发就会逐渐增多。

▌皱纹是如何产生的？

皱纹往往是历经风霜岁月的洗礼之后衰老的象征，随着年龄的增长，额头、眼角等部位都长出了皱纹。为什么人老了之后会长皱纹呢？

我们知道，皮肤可分为表皮、真皮和皮下组织三部分。真皮中富含胶原纤维和弹性纤维。在真皮下面是厚厚的皮下组织，其中的脂肪组织可以给真皮等部位提供充足的营养，维持皮肤的弹性。随着年龄的增长，皮下组织中的脂肪也逐渐减少，真皮里的纤维逐渐退化、萎

▶皱纹是年老的表现之一

缩，皮肤就会失去弹性，变得松弛，从而产生皱纹。因此，皱纹是皮肤老化的表现。

除去自然老化之外，皱纹的产生还与缺乏睡眠、皮肤缺水、过度暴晒、营养不良、过度劳累等因素有关。因此，护理皮肤首先要注意保证充足的睡眠，平时还要注意给皮肤补充水分。

知识链接

鱼尾纹

鱼尾纹是在人的眼角和鬓角之间出现的皱纹，人眨眼的频率和幅度综合决定了鱼尾纹是人面部最早出现的皱纹。人在25～28岁会出现鱼尾纹，而抬头纹、眉间纹、鼻背纹、嘴角纹等肌肉型皱纹的出现时间会较晚。

▶人的眼角最易长纹

人的指纹有怎样的独特性?

　　每个人都有自己独特的指纹，因其独特性，指纹常被用来鉴别身份，应用于搜寻罪犯等领域。为什么指纹具有独特性呢?

　　指纹是一种奇异的呈螺旋状的纹路，指纹具有唯一性和不变性，同一个人手上的指纹也是各不相同的，这些纹路的形成是遗传和环境这两个因素相结合产生的。由于每个人的遗传基因均不同，所以指纹也不同。DNA中的遗传密码在胎儿的形成阶段就发出了皮肤如何生成的总体"命令"，但是其具体细微之处的形成则是一种随机事件。胎儿特定时期在子宫中的特定位置，以及周围羊水的密度和其他物质决定了每一个个体纹路的不同。外界环境如天气状况等也会影响到指纹的形成。

▶ 指纹具有独特性，是一个人的特殊标记

　　由于指纹的形成过程是非常无序的，即便是同卵双胞胎，其指纹也存在着一定的差别。因此，指纹可以作为一个人的特殊标记。

知识链接

指纹的类型

　　指纹有三种基本类型：斗形纹、弓形纹和箕形纹。有同心圆或螺旋纹线，看上去像水中旋涡的，叫斗形纹；有的纹线是一边开口的，就像簸箕似的，叫箕形纹；有的纹线像弓一样，叫弓形纹。

睡一夜觉后为什么会长眼屎？

有时睡一夜醒来，眼睛的内眼角上总会有些眼屎，眼屎多且干燥的时候睁眼都很困难。你是不是会很奇怪：睡觉前已经洗漱干净了，睡的时候眼睛也是闭着的，为什么还会有眼屎呢？

其实，在我们的眼皮里有一块像软骨一样的东西，它叫"睑板"。"睑板"里整齐有序地排列着许多睑板腺，上眼睑30～40个，下眼睑20～30个。这些腺开口在眼皮边缘、靠近眼睫毛的地方，睑板腺会随时分泌一种油样的液体。白天，这些分泌物随着眼皮的眨动来到眼皮边缘，保护着我们的眼睛。对内它可以防止起润滑作用的眼泪流出眼外，对外又可防止人的汗水混合着细菌进入眼内。夜晚人在睡觉的时候，眼睛始终处于闭合的状态中，而睑板腺仍然在不断地分泌油样液体，这样积累起来的分泌物和白天进入眼睛里的灰尘及泪水中的杂质混在一起，堆于眼角就形成了眼屎。

▶眼睛需要精心的护理，否则它也会"生病"

▶结膜色素沉着就会使人的眼睛变为黄色

人老"珠黄"是怎么回事?

　　人老后，眼睛往往呈现"珠黄"的状态，这里的"珠"并不是词典里所说的珍珠，而是指眼珠。那么，为什么人到老年眼珠就发黄了呢?

　　现代医学认为：人的眼球表面有一层薄薄的透明膜层，叫作结膜。在长期受到紫外线、粉尘等污染之后，就产生色素沉着等不良反应。色素在结膜层集聚成块状黄斑，从表面上看，白眼球出现微微凸起的暗黄色物质，黑眼球变得更加浑浊。人类受到外界环境刺激是日积月累的，老年人更容易产生结膜色素沉着现象，因而眼珠也就发黄了。

眉毛和眼睫毛有什么作用？

眉毛和眼睫毛不光起到美化眼睛的作用，它们还共同构成了眼睛的第一道防线。

眉毛是眼睛的"卫士"，它能把从额部淌下的汗液引开，起分流作用，使其不致顺流而下流入眼睛。而眼睫毛的反应是"闪电式"的，当外来物体一碰触眼睫毛，它可在0.01秒时间内传递信号，引起闭眼反射，使眼球不受外来物的侵

▶眉毛和眼睫毛不仅美化眼睛，对眼睛还有一定的保护作用

犯。另外，眼睫毛还能防止紫外线直接照射眼睛，避免因紫外线直射而导致眼睛患病的危险。眉毛和眼睫毛还能挡住空中落下的灰尘和小虫，不让它们碰伤眼睛；当脸上出汗或雨水落到脸上时，能让它们乖乖地避开眼睛。眉毛和眼睫毛是眼睛的保护神，我们必须保护好它们。

知识链接

眼睫毛是如何生长的

眼睫毛有一定的生长周期，它们的平均寿命为3~5个月，因此常会有一些眼睫毛脱落。眼睫毛脱落后1周左右即可长出新的睫毛来，10周后达到最长。

眼泪为什么是咸的？

眼泪是咸的，这是为什么呢？

科学家们用微量分析法揭开了这一谜题。在人的泪水中，99％是水分，1％是其他成分，而这1％成分里有一半多是盐。这些盐是从哪里来的呢？

原来，每个人的眼睛里都有制造眼泪的"小工厂"，即"泪腺"。它就"坐落"在眼球的外上角，像小手指头那么大。每天，这座"小工厂"都不停地制造着泪液。泪液以人体内的血为原料，经泪腺"加工制造"而成。人体血液中含有盐分，所以泪液中就很自然地含有了盐。盐在泪液里占0.6％的量。多余的泪液流出眼睛，就成了眼泪，所以眼泪是咸味的。

▶因眼泪中含有盐分，所以是咸的

知识链接

大笑为什么也会流眼泪

当人非常快乐，兴奋得哈哈大笑时，往往也会流出眼泪。笑也能流泪是怎么回事儿呢？

其实，泪液是不断分泌的，它时刻都在眼球表面流动。平时在眨眼的瞬间，多余的泪液就被鼻泪管吸走了。人在大笑的时候，一方面眼皮扩张，排出泪液；另一方面，由于面部肌肉收缩，压迫鼻泪管，使其堵塞，于是多余的泪液成为眼泪，就从眼里流出来了。

▶嘴唇生来就呈现红色

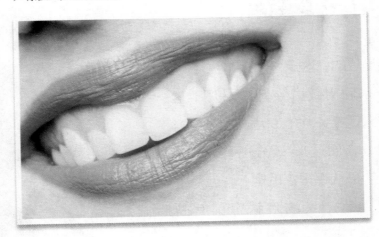

嘴唇为什么都呈现红色?

人的嘴唇生来即呈现红色,与其他部位皮肤颜色明显不同。为什么嘴唇呈现红色呢?

这红色其实是血色。嘴唇是面部皮肤与口腔内黏膜的过渡部位,它的颜色与口腔内黏膜颜色是一致的,因为这里的表皮很薄,非常柔软,是透明的,因此其丰富的皮下毛细血管就使嘴唇呈现红色。

一般体质好、血气旺的人嘴唇呈自然的红色;而贫血或者气血较弱的人,嘴唇颜色就会偏白,不是健康的红色。

知识链接

嘴唇是人体最脆弱的部位

嘴唇部位的皮肤只有身体其他部位皮肤的1/3厚,且红红的嘴唇没有汗腺和唾液腺,它的湿润度全靠局部丰富的毛细血管和少量发育不全的皮脂腺来维持。嘴唇本身不具有黑色素,没有自我保护功能,所以需要我们加倍呵护。

舌头是如何品尝酸甜苦辣的?

　　人类的舌头从咽到尖端的平均长度为10厘米。它是语言功能的重要器官,同时还具有强大的味觉功能,酸甜苦辣都躲不过舌头的品尝。为什么舌头能尝出味道呢?

　　这是因为在舌头上长有味蕾。舌头的最外面一层是黏膜,它们使舌头呈现淡红色,黏膜表面有很多小突起,这些形同乳头的小突起就是味蕾。味蕾由若干个味细胞组成,用来辨别各种各样的味道。

　　人的舌头上有酸甜苦咸四种味蕾,而苦味味蕾是舌头上最发达的味蕾,苦味基因也是味觉基因中种类最多的,达数十种。功能相近的味蕾聚集在一块,分布在舌头的不同地方,每块地方分担着不同的任务:舌尖主要感受甜味,舌尖的两侧后半部分主要感受酸味,舌根主要感受苦味,咸味就划分给舌两侧靠舌尖的那一块了。味蕾所感受的味觉只有酸、甜、苦、咸四种,而其他味觉是味觉与其他感觉产生的,如辣觉是热觉、痛觉和基本味觉的混合。

　　➤舌头上长有味蕾,所以我们能品尝到酸甜苦咸

尽量用鼻子呼吸有什么好处？

鼻子是呼吸系统的重要器官，是人体与外界进行气体交换的入口。平时或在锻炼的时候，我们都应该养成用鼻子呼吸的习惯，尽量不要用嘴呼吸。

因为很多灰尘杂物可能混在空气中，用鼻子呼吸，由于鼻腔中有鼻毛和黏液，可以拦截、吸附大量灰尘、细菌，从而保护肺免受伤害。

为了身体健康，平时要尽量用鼻子呼吸。剧烈运动时，由于对氧气的需求量增大，则可采取鼻、嘴一齐呼吸的方式。在雾霾天等空气质量较差的天气最好停止户外锻炼，以防空气中过多的细菌、灰尘进入人体。

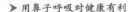

▶ 用鼻子呼吸对健康有利

血液为什么是红色的?

大家都知道人的血液是红色的，那为什么血液呈现红色呢?

这是因为人的血液里有大量的红细胞，红细胞里充满了含铁的蛋白质——血红蛋白，这就是血液中的红色成分。血红蛋白在体内除了负担着输送氧的作用以外，对于二氧化碳的输送也扮演着重要角色。当血红蛋白吸取新鲜的氧气时，带铁的血红蛋白与氧结合，就使血液成为红色了。由于血液的颜色与含氧量的多少有关，因此含氧量多的血液如动脉血，呈鲜红色；含氧量少的血液如静脉血，呈紫红色。

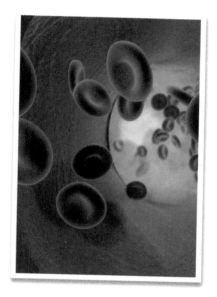
▶ 血液中含有大量的红细胞

血液也不一定都是红色的。比如软体动物和节肢动物，这类动物血淋巴中溶解有叫作血蓝蛋白的蓝色蛋白质，所以它们的血液大多是蓝色的。

知识链接

血 压

血液在血管内流动时，因为血液使血管充盈，所以对血管壁造成一种侧压力，我们称之为血压。由于血管分为动脉、毛细血管和静脉，所以，也就有了动脉血压、毛细血管压和静脉血压之分，其中动脉血压就是我们通常所说的血压。当血管扩张时，血压下降；血管收缩时，血压升高。

离开人体后，血液为何会凝固？

皮肤出现划伤、碰伤等就会流血，但一般情况下不会血流不止，而是过一会儿血液就会凝固。为什么血液离开人体会凝固呢？

血液凝固常发生在外伤出血或血管内膜受损时，是机体的一种自身保护机制，这一过程是一个复杂的生物化学连锁反应，需要有一系列的物质如凝血因子等的参与。目前认为，凝血过程至少包括三个基本的生化反应：①凝血酶原激活物的形成；②凝血酶原

▶ 血液离开人体之后会凝固

激活物在钙离子的参与下使凝血酶原转变为有活性的凝血酶；③可溶性的纤维蛋白原在凝血酶的作用下转变为不溶性的纤维蛋白。纤维蛋白形如细丝，纵横交错，网罗大量血细胞而形成胶冻状的血块。

血凝后1~2小时，血块紧缩变硬，同时有液体分离出来，这便是血清。血清与血浆虽同为血液的液体成分，但血清没有纤维蛋白原，却含有血凝时由血小板释放出来的物质。

知识链接

凝血因子

凝血因子是参与血液凝固过程的各种蛋白质组分。它的作用是在血管出血时被激活，和血小板粘连在一起堵塞血管上的漏口。这个过程被称为凝血。

白细胞在人体中起什么作用？

血液中除有红细胞外，还有白细胞，白细胞被称为"人体中的卫士"。同红细胞一样，骨髓是它们的出生地。血液中的白细胞一部分聚集在血管壁上暂时安家，另一部分随着血液四处奔波游动，两部分白细胞还会经常交换位置。

白细胞的功能主要是吞噬侵入人体的细菌和异物，清除体内衰老坏死的细胞，同时还参与人体的免疫活动，提高人体的抗病能力。细菌一侵入人体，白细胞就会得到情报，然后马上自动向有"敌情"的"地区"集合，骨髓也会派出大量的白细胞进入血液，血液中的白细胞数量就会大增。到达细菌侵入部位的白细胞，会奋不顾身，改变自己的形态，把细菌纠缠住，没头没尾地把这些细菌包裹起来，再使用一种能溶解蛋白质的酶，把细菌消化掉。

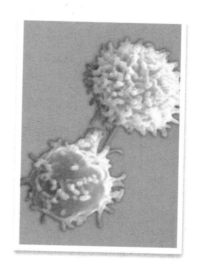

➤血液中的白细胞能吞噬侵入人体的细菌和异物

知识链接

血　浆

血浆是血液的液体成分，为淡黄色液体。血浆中含量最多的是水，占91%～92%，还含有少量很重要的物质，如7%左右的蛋白质，0.9%左右的无机盐，以及微量的维生素、激素与酶等。血浆的主要作用是运载血细胞，运输维持人体生命活动所需的物质和体内产生的废物等。

人的血管到底有多长?

人体的血管包括动脉、静脉和毛细血管三部分。

触摸身体表面，能感受到跳动的血管是动脉。动脉由粗变细，由少变多，动脉把血液输往全身。动脉有无数的支流，支流越分越细越多，最后形成比头发丝还细得多的血管，这就是要在显微镜下才能看清楚的毛细血管。

▶人体除角膜、毛发、指（趾）甲、牙齿及上皮等处外，血管遍布全身

突出于人体表面和四肢皮肤的、呈青紫色的、不能跳动的血管是静脉。静脉是由很多小静脉汇集成中静脉，然后形成大静脉的，大静脉把血液送回心脏。

人体内的血管如同地球上纵横交错的河流，分布在我们身体内的每个角落，它和心脏一起组成了人体内连续的封闭式输送管道，四通八达的血管能将血液输送到全身各处。如果把毛细血管也算在内的话，人体内的血管长度在9.6万千米以上，地球的赤道长4万千米，能绕赤道两圈多呢!

知识链接

静 脉

　　静脉是循环系统中使得血液流回到心脏的血管，它起于毛细血管，止于心房。静脉平时可容纳全身70%的血液，表浅静脉在皮下可以看见，上下肢浅静脉常用来抽血、静脉注射、输血等。

唾液是怎么产生的？

唾液被人们俗称为口水，它是人体体液的一部分，在古代被称为"金津玉液"。那么这些唾液来自哪里呢？

唾液主要由唾液腺分泌。人体有多个唾液腺，其中腮腺、舌下腺和颌下腺是主要的唾液分泌器官。唾液腺像水源一样不断供应唾液，用来滋润我们的口腔和咽喉部分。唾液还能溶解食物，并不断移走味蕾上的食物微粒，这样我们就能不断尝到食物的味道。此外，唾液还具有清洁和保护口腔的作用。

正常情况下，人每天分泌1000～1500毫升唾液。不过，不管唾液分泌如何多、如何快，我们都能及时地一点点把它们咽下去。

▶对美食的品尝总少不了唾液的参与

肺是如何摄取氧气、排出二氧化碳的?

人在一呼一吸中，吸入新鲜的空气，排出二氧化碳，保证了人体对氧气的需求。那么，在呼吸过程中，肺是如何摄取氧气，排出二氧化碳的呢?

人体的新陈代谢过程，需要不断地从环境中摄取氧气，并排出二氧化碳。而人与外界的气体交换离不开肺，肺组织里有一套结构巧妙的

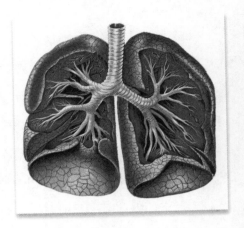

▶ 人体肺部示意图

换气站。在人们吸入空气时，空气经鼻、咽、喉、气管、支气管的清洁、湿润和加温作用，最后到达呼吸结构的末端——肺泡。肺泡中，空气与毛细血管的血液之间有一道呼吸膜相隔。薄薄的呼吸膜，只允许氧气和二氧化碳自由通过，其他的一律被挡住。氧气经肺泡，通过呼吸膜。进入毛细血管，进而至动脉流遍全身。二氧化碳由静脉经毛细血管，通过呼吸膜，到肺泡，经肺排出体外。如此反复呼吸，人体就能源源不断地从外界获取氧气、排出二氧化碳。

知识链接

肺　泡

肺中的支气管经多次反复分枝成为无数细支气管，细支气管的末端膨大成囊，囊的四周有很多突出的小囊泡，即为肺泡。肺泡是肺进行气体交换(交换二氧化碳和氧气)的部位，是构成肺的主要结构。

肺是如何清除有害物质的？

一天中，人体大约呼吸3万次，吸进去的空气达15立方米，一些灰尘、细菌、有害气体也难免会混入其中。对于这些有害物质，我们的肺自然有一套清洁系统。

当肺里存在有害物质时，特别是病菌准备在那里繁殖的时候，毛细血管就会扩张，释放出血管里的白细胞，让它们杀死这些细菌。牺牲了的白细胞、病菌、灰尘以及同时渗出的血清、红细胞等，加上气管中分泌出的黏液，混合在一起，积存在呼吸道里，必然会阻塞管道，影响呼吸工作的进行，这样人体就会用咳嗽、打喷嚏等方式清扫管道，将异物排出体外。这些咳出来的黏液就是痰。

▶人每天大概呼吸3万次

胃是如何消化食物的?

我们常说胃是食物的储存场和加工厂，是消化食物的主要器官。那胃是如何消化食物的呢?

我们吃进的食物经过食管进入胃中，再依靠胃中的大量强酸性胃液来消化。胃液的主要成分是能分解蛋白质的胃蛋白酶，它能促进蛋白质消化，并具有保护胃黏膜不被自身分泌的胃液消化的作用。胃液中还含有一定量的盐酸，即我们通称的胃酸。胃酸是使食物得以消化的重要媒介，胃酸的消化能力十分惊人。它可以分解食物中的结缔组织和肌纤维，使食物中的蛋白质变性，易于被消化。胃酸还能杀死随食物及水进入胃内的细菌，能与钙、铁结合形成可溶性盐，以促进钙、铁的吸收。

正常人每天分泌胃液15~25升。经过口腔粗加工后的食物进入胃，在胃的蠕动搅拌和混合下，加上胃内消化液里大量酶的作用，最后使食物变成粥状的混合物，以利于肠道的消化和吸收。所以，将胃称为食物的"加工厂"是名副其实的。

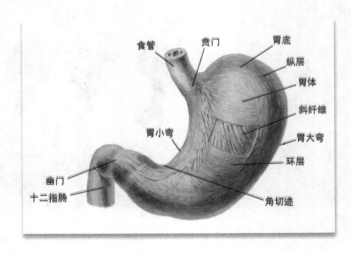

> 胃的结构

脾脏的主要作用是什么?

脾脏是人体中最大的淋巴器官，位于左上腹部。在早期胚胎中，脾脏是重要的造血器官，婴儿出生后造血主要由骨髓来完成，但脾脏还具有许多特殊功能。

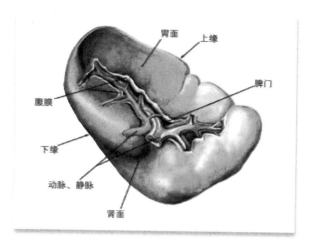

▶脾脏结构图

首先，脾脏具有应急造血功能。人体需要生产出新的血细胞以补充不断衰老死亡的旧血细胞。在机体应急状态下，如中毒、药物抑制或感染时，脾脏就重新制造各种类型的血细胞，以挽救危重的生命。

其次，脾脏有"小血库"的功能。脾脏内有许多血窦，就像一个个小小的血池子，充当着小血库的作用，一般能储存40～50毫升血。

最后，脾脏还具有净化血液的功能。人体内的血液每天要从脾脏流过30～50次，而脾脏血窦里的吞噬细胞就像严格的卫士一样，不断检查出衰老伤残的细胞及血小板，并将其吞噬消灭掉，同时将红细胞中的铁收集起来，输出至骨髓，重新用于造血。

脾脏是人体最大的免疫器官，人体的许多免疫卫士如淋巴细胞、杀伤细胞和自然杀伤细胞都大量驻守在脾脏。一旦人体的某个部位遭受病菌的侵犯，这些免疫细胞就会从这里出发奔向感染部位，消灭病菌。此外，还有很多的免疫球蛋白、补体、调理素等人体免疫武器都是从脾脏里生产出来的，它们会及时消灭体液中的毒素、细菌和有害抗原等。

肝脏的主要作用是什么?

肝脏是人体内脏里最大的器官，是尿素合成的主要器官，又是新陈代谢的重要器官。

肝脏对来自体内和体外的许多非营养性物质如各种药物、毒物以及体内某些代谢产物，具有生物转化作用，即解毒功能。肝脏对人体内蛋白质、糖类、脂肪等很多物质的代谢有重要作用。胃、肠吸收来的一些有毒物质、药物以及体内代谢产生的有毒物质，可以在肝脏的作用下，转化成无毒物质，或被氧化分解。

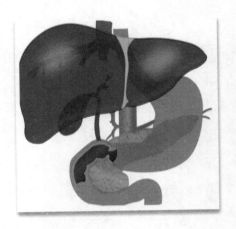
> 肝脏

肝脏的生物转化方式很多，一般水溶性物质常以原形态从尿和胆汁排出；脂溶性物质则易在体内积聚，并影响细胞代谢，必须通过肝脏一系列酶系统作用将其灭活（指用物理或化学手段杀死病毒、细菌等），或将其转化为水溶性物质，再予以排出。

知识链接

保肝食品有哪些

保肝护肝在日常生活中就可进行，肝脏保健食品随处可见。比如，荞麦、芦笋、卷心菜、胡萝卜、大白菜、金针菇、莲藕、洋葱、南瓜、菠菜、番茄、山药、豆腐等都属于护肝食品。此外，葡萄、西瓜、木瓜、梨、橘子等水果也属于肝脏的保健食品。

脚为何被称为"第二心脏"？

脚向来被认为是人体的"第二心脏"。我们知道，心脏能通过压力将血液输送到全身，那脚的"第二心脏"作用是什么呢？

脚之所以被称为人体的"第二心脏"，是因为它同人体的心脏一样，对血液循环起着至关重要的作用。心脏虽然是人体血液循环的动力保证，但由于双脚离心脏位置最远，加上重力的作用，血液从心脏流向双脚较为容易，而从脚部回流心脏则相对较难。脚部血液回到心脏距离长，如果没有足够的压力，很难顺畅地流回心脏。因此脚部血液必须凭借脚部肌肉正常的收缩功能，才能使积存废弃物的静脉血经由毛细血管、小静脉、静脉流回心脏。

所以说，脚部肌肉如同人体的"第二心脏"，其收缩功能的好坏决定着末梢循环的状态。因此，人们在做过足部按摩后，会感觉像慢跑锻炼后一样。

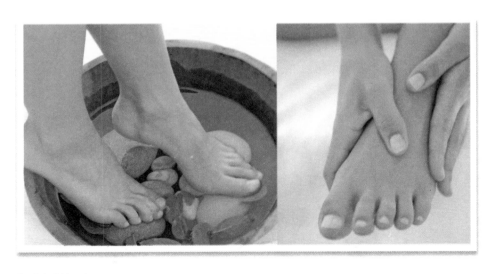

▶对脚要精心护理

拇指为何只有两个指节?

人的手掌有五个手指,这五个手指长短不一,除拇指是两个指节外,其余四指都有三个指节。为什么拇指只有两个指节呢?

答案很简单,因为这种结构对拇指最适宜。人的其他手指下端都连着一根掌骨,能对手指的活动起到支持作用。而拇指下端缺少掌骨,于是,原本的第三节指节就下移,成了掌骨

▶ 在五个手指中,只有拇指是两个指节

的一部分。事实上,拇指与其他四指互相配合才能让手灵活地工作,如果拇指和其他手指一样拥有三节,那么它就可能软弱无力,无法胜任力量较大的动作。有两个指节的拇指不仅能够做伸屈、收展及旋转等动作,还可以灵活地与其他四指实现对掌功能。拇指是整个手掌用力最重要的部位,可帮助手部完成几乎所有的"捏"的动作。拇指还是重要的施力点,因为拇指的肌肉力量是别的手指的3~4倍,拇指的两个关节更有利于其用力。

▶ 只有两个指节的拇指

人体的"发动机"是什么？

提到肌肉就给人以结实、有力量的印象。人的全身共有600多块肌肉，这些肌肉不管大小、长短都能伸能缩，步调一致。肌肉是我们人体的发动机，全身运动都靠它来唱主角。

肌肉全由肌细胞组成，能收缩和舒张，产生运动，如胃肠的蠕动、心脏的跳动、肢体的各种动作等。肌肉产生力量的源泉是肌纤维的收缩作用。它利用体内的营养物质合成肌蛋白，当肌蛋白分解时，释放出的能量就成为肌纤维收缩的动力。肌肉发动机的机械效率是其他动力机器望尘莫及的。科学家发现，肌肉将食物的化学能转化为机械能，效率可达80％左右，而现代化的机器，能量转换率只有30％。

知识链接

肌肉的分类

人体肌肉可分为三大类：平滑肌、骨骼肌和心肌。平滑肌，运动缓慢而持久，如肠的蠕动；骨骼肌，主要附着在躯干和四肢的骨头上，受人的意志支配；心肌，是心脏特有的肌肉组织，它有自动地、有节律地收缩的特性。

➤ 人体肌肉示意图

骨头怎么会那么结实？

骨骼支撑着我们的身体，硬硬的骨头是人体运动系统的重要部分。除非遭受重创，否则骨骼不会出现折断现象。这是为什么呢？

原来，人的骨头都是由脆硬的无机物（如钙盐）和柔韧的有机物（如蛋白质）组成。脆硬的无机物使骨头十分坚硬，柔韧的有机物使骨头变得柔软而有韧性。成年人的骨头含有有机物约为1/3，无机物约为2/3，这样的骨头既坚硬，

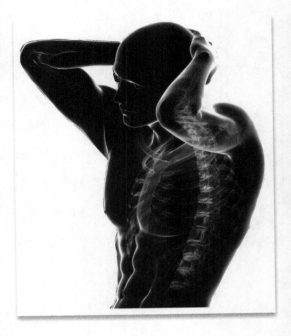

▶骨骼的弹性演示

又有弹性；儿童、少年时期的骨头内，有机物含量超过1/3，因而骨柔韧、硬度小、弹性大、不易骨折。

知识链接

骨　龄

骨骼年龄简称骨龄，也就是骨骼的生长周期。一般骨龄只能用骨龄仪摄片来判断。人的身高更多的是与骨龄相关，而不是取决于实际年龄。

关节"咔咔"响是什么回事？

有些人在做膝关节屈伸、肩关节外甩或握拳等动作时，部分关节会发出响声。为什么人体活动关节会发出声音呢？

人体中骨与骨之间连接的地方称为关节，能活动的叫"活动关节"，不能活动的叫"不动关节"。能发出声响的是指活动关节，如手指、肘及肩关节等。一般来说，关节活动发出声响且没有疼痛感觉，这是关节的一种正常反应。当我们活动关节（比如手腕和膝盖）的时候，关节囊会扩张，同时产生气泡，关节腔内负压增加，关节液急剧地振动，随即便发出声响。正常活动中出现的响声，对关节囊并无损害。

知识链接

滑　膜

滑膜是关节囊的内层，呈淡红色，薄而柔润，由疏松结缔组织组成。滑膜直接附着于关节软骨的边缘并向内贴附在关节囊内的非关节区域，覆盖在关节囊、关节内韧带、骨与肌腱表面。滑膜分泌滑液，在关节活动中起重要作用。

▶ 运动过程中，有时候关节会发出响声

骨髓有什么重要的作用?

　　人体大部分骨头的中央部分有空腔,叫骨腔,骨腔内所含的物质叫骨髓。骨髓对于人体而言有什么作用呢?

　　骨髓分红骨髓和黄骨髓,红骨髓中的造血干细胞具有造血功能,人体血液中的红细胞、血小板、淋巴细胞、粒细胞等,都是由造血干细胞经过多次分化发育而成的。红骨髓造血功能活跃,而黄骨髓只保留着造血的潜力。

▶骨髓具有造血功能

　　人体的血细胞处于一种不断的新陈代谢过程中,老的细胞被清除,就需要新的细胞来补充。新生细胞是由骨髓生成的各种干细胞通过分化再生成各种血细胞,如红细胞、白细胞、血小板、淋巴细胞等。所以,简单地说,骨髓的作用就是造血功能,其对于维持机体的生命和免疫力起着极为重要的作用。

知识链接

骨髓移植

　　骨髓移植是器官移植的一种,即将正常骨髓由静脉输入患者体内,以取代病变骨髓的治疗方法,用以治疗造血功能异常、免疫功能缺陷、血液系统恶性肿瘤,以及其他一些恶性肿瘤。用此疗法可提高疗效,改善预后,得到较长生存期,乃至根治病症。

出汗对人体有什么意义？

人体可以看成是一个燃烧的火炉。吃进的食物是"燃料"，供身体燃烧，在燃烧过程中，产生大量热量。

这个热量很大，如果身体里边没有温度控制器的话，我们就真成"热人"了。我们都知道，体内的温度并没有上升(除非我们得了病)。我们的体温平均保持在36～37℃。

出汗是保证体内"火炉"维持在正常温度的方法之一。事实上，我们身体的温度是由脑中的体温中枢来控制的。这包括三个部分：控制中枢、加热中枢和冷却中枢。

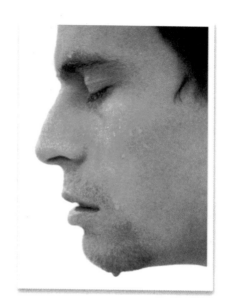

▶出汗是人体自我调适的过程

假设血液的温度因某种缘故而下降，加热中枢就开始活动，这时就会出现一些变化。某些腺体分泌出更多的化学物质以供燃烧，肌肉和肝脏会用掉更多的"燃料"，很快我们的体内温度就会升上去。

现在假设血液的温度因某种原因而上升，冷却中枢就开始工作，让燃料的燃烧过程，即氧化过程变慢。此外，还发生另一件重要的事，皮肤血管扩张了，产生汗液，以使多余的热能散发掉。

液体蒸发时要带走热。例如，我们洗完澡时会感到冷，这是因为体表皮肤上的水分迅速蒸发而使身体冷却，所以出汗是身体冷却过程的一部分。

出汗好比一种淋浴，水分是由身体内部出来的。液体通过皮肤上千万个小孔流出来，成为一种微液滴。这些微液滴能够快速蒸发并迅速冷却身体。

眼睛的构造是什么样的？

人眼就像照相机，有个可调节的窗口(瞳孔)以利光线的进入，有个镜片(晶状体)可聚焦入射光线成像，还有个敏感的底片(视网膜)，影像可以记录在上面。

人眼中大约有一亿三千万个光敏细胞，光落在一个这样的细胞

▶ 眼睛

上时就会引起细胞内的快速变化。这个变化引发神经纤维上的一个冲动，这个冲动就是一个信息，它经由视神经传到大脑的视觉部分。大脑理解信息的含义，所以我们能理解所见到的一切。

眼球的形状像个球，前面略突起。在突起的中央可见一个洞，叫瞳孔。瞳孔看着呈黑色，是因为它开向眼球内部的黑色区域。光线经过瞳孔达到晶状体，晶状体聚焦，在眼球后部形成一个图像。在这里，不是照相机里的底片，而是由光敏细胞组成的一个"屏幕"，称为视网膜。

围绕瞳孔周围的是虹膜。虹膜的形状像个炸面包圈，颜色发蓝或绿或棕。虹膜可改变大小，就像照相机的光圈一样。在亮光下，虹膜收缩，瞳孔变小，减少进入眼球的光线；在弱光下，瞳孔放大，以让更多的光线进入。

整个眼球外面包着一层坚固的包膜，叫巩膜。眼白就是巩膜的一部分。在前面眼球突起的部分，有一层透明的薄膜，叫角膜。角膜和虹膜间的空隙充满一种清亮的液体。这个空隙的形状像个镜片，其实它正是个液体的镜片。

眼睛的另一个镜片就在瞳孔之后。你可以看看这个镜片(晶状体)改变形状时出现什么情况。看近物时，晶状体变厚；看远物时，晶状体变薄。

耳是怎样工作的？

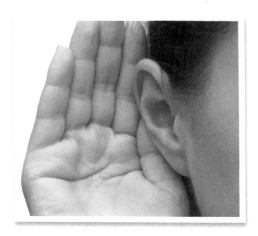

▶ 用耳朵倾听

耳是我们身体上最奇妙的工具之一。无需去"调谐"，耳可以在这一刹那听到手表的滴答声，而下一个刹那又听到爆炸的轰鸣声。

但是，想要听到声音，需要的还不仅仅是耳。听觉过程始于声音在空气波动，我们称之为声波，这个声波先撞击鼓膜。声波是我们看不见也摸不着的，可是耳却非常灵敏，它能感受最轻微的振动并传给大脑。只有当这些波动传到大脑，我们才真正听到声音。

耳包括三部分：外耳、中耳和内耳。某些动物能转动耳郭捕捉声音，可是我们不能转动耳郭，所以耳郭对我们的听觉没有太大帮助。

声波进入外耳，沿外耳道而入。在外耳道顶端有一个薄膜，横跨耳道，绷得很紧。这层膜隔开外耳和中耳，作用有如鼓皮。在这个膜的内侧还有个管子通向咽部，叫耳咽管。有空气经咽部进入以平衡鼓膜两侧的压力，否则在听到巨响时，鼓膜可能破裂。

在中耳鼓膜之后有一串奇形怪状的小骨头，分别叫作锤骨、砧骨和镫骨。这些骨头两头分别接触鼓膜和内耳。当声波撞击鼓膜时，就引起这三块骨头的振动。

接着，这些骨头又引起内耳中液体的振动。内耳呈蜗牛状，叫耳蜗，其中的细胞把声音传给神经，这些神经再把声音传给大脑，大脑能辨识这些声音，这个辨识过程我们称之为听觉。

在内耳还有三个半规管，同听觉毫无关系。半规管中也充满液体，它为我们提供平衡觉。如果半规管有了毛病，我们就会头晕且走不好路了。

身体是怎样制造血细胞的？

一个成年人的体内有4～5升血，在血里漂浮着大约30万亿个血细胞。

我们几乎无法想象出这样庞大的数字，但这可能会给人一种印象，那就是血细胞小到只有在显微镜下才能观察到。如果能把这些小细胞连接起来，那么它可以绕地球4圈！

这些细胞是从哪里来的呢？显然，能够制造出这么多细胞的"工厂"一定要有惊人的生产能力——特别是早早晚晚每个细胞

▶ 红细胞

都要分解掉，而由一个新的细胞来代替！

血细胞的出生地是骨髓。如果打开一块骨头来看，就会见到骨腔里面的灰红色海绵样的髓质；如果用显微镜进一步观察，就可以见到一个由血管和结缔组织纤维构成的网络。在纤维和血管之间有无数髓细胞，血细胞就是在这些髓细胞中产生的。

当血细胞在骨髓中时，它还是一个真正的细胞，有自己的核。可是在它就要离开骨髓进入血流之前，它的核丢失了。因此，成熟的血细胞不再是一个完整的细胞了。实际上，它已经不是一种活的结构了，而只是一种机械工具。

血细胞就像一个由原生质做成的球。血细胞包括红细胞、白细胞和血小板。成熟红细胞的主要生理功能是输送氧和二氧化碳。

生物体内的血细胞数目和大小决定于它对氧气的需要。虫类没有血细胞，冷血的两栖动物血中血细胞数量不多但较大。小型、温血以及生长于山区的动物血细胞的数量最大。

人体的骨髓造血能力可以随着对氧气的需要量而变化。比如，长期住在山上的人，血细胞可以比住在海边的人多出一倍!

▌动脉和静脉有什么不同？

哪一个城市中的运输系统也比不上身体内的血液循环系统的效率高。

如果你想象有两套管道系统，一大一小，都连到一个中央泵水站，那么你就可以大致了解了血液循环系统是个什么样子。小的一套管道是由心到肺再回心，大的一套由心到身体的其他各部分再回心。

这些管道就是动脉、静脉和毛细血管。其中，动脉里面是离心的血液，静脉里面是回心的血液。毛细血管非常细小，负责将血液由动脉导向静脉。泵血站就是心脏。

动脉位置较深，只有在腕部、脚背、颞部，以及颈部的两侧较浅。在这些地方可以摸到脉搏，医生还可以从中得知动脉的情况。

最大的动脉在离心的地方有瓣膜。这些血管可以扩张和收缩。

体静脉靠近皮肤表面，血色比较暗，流动也较为均匀。静脉中隔一段距离就有一个瓣。

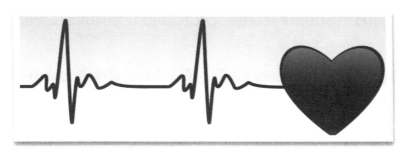

▶ 心电图演示画面

肠是如何工作的？

大部分人都有一个模糊的概念，那就是在体内的某处有着一盘一盘的肠，食物就在其中运行消化。可是，清楚肠如何工作的人并不多。

一般成人的肠有7米，而人去世的时候，肠失去弹性就可能达到8米。

▶ 大肠

肠壁的大部分都是肌纤维，所以肠才能对其中经过的食物进行加工。肠道使食物和分泌物混合，然后再向下传递下去。为了完成这个任务，小肠可以说是由无数的肠襻组成的。每个肠襻中有一点食物，肠对它进行加工，然后是搅拌和消化约30分钟后再把它传到下一个肠襻。

为了协助消化过程，小肠壁上有大约2000万个细小的腺体。这些腺体要分泌5～10升的液体到肠中去。这些液体浸泡食物使它软化，当食物到达大肠时它已成为半液体状态。

如果用放大镜观察肠壁，就会发现肠壁并不光滑，而是更像天鹅绒。肠壁上覆满数以亿万计的细小触须样的绒毛。绒毛告诉腺体什么时候该分泌出消化液，绒毛本身也协助消化过程。

不能被消化液消化的食物则在大肠中受到细菌的分解，这称为腐败作用。亿万个细菌分解食物中的粗糙部分，例如果皮，并从中提取身体需要的有价值的物质。

这只不过是肠工作的大致情况。肠是人体内的最奇妙的器官之一，对于摄入的食物进行消化、吸收，其目的就是使人得以生存。

"口吃"是怎么回事?

也许最复杂和最难演奏的乐器就要算人类说话用的器官了!为了能够发声和说出话来就要使用这全套器官,这包括腹、胸、喉、口、鼻、膈、舌、腭、唇和齿,以及相关肌肉。

发声时,使用的最重要器官要数口腔、腭、双唇和舌的肌肉了。人为什么能够把这个乐器"演奏"得如此好呢?这是因为人在幼年适应力最强的时候就开始学习了,而且从此以后还一直在练习!

显然,如果人不能够和谐地演奏这个乐器(发音器官),那么说的话就会出现问题。

▶口吃会给生活带来很多不便

当发音器官中有一个或一个以上的部分出现痉挛时,就出现口吃。表现为正说的话忽然停住了,有一段间歇,然后常常继之以一段快速的重复,重复最后那个音。

口吃轻重程度不一。可以由只是不能顺利地发出某些字母和音节,一直到整个脸、舌、喉的相关肌肉都处于痉挛状态。

口吃很少在四岁之前出现。一个孩子可能因为某个发音器官确实有问题而出现口吃,情绪的障碍也时常造成口吃。

人口吃时,"爆破"辅音最容易引起问题,如"B,P,D,T,K"等。发爆破音是先紧闭双唇中断气流,然后突然开唇。大家可以试试看自己怎么发"B"的声音。这是爆破音!如果让口吃的人慢慢地读和说,仔细地发每个音节,就常可以避免口吃。当然,如果情绪障碍是造成口吃的原因,就需要特殊治疗。

▌是什么使你的声音改变了？

你发出什么样的声音，这主要决定于你的声带。声带由弹力纤维组成，你可以把声带与最好的小提琴弦相比。

声带可以变得紧张，也可以变得松弛。事实上，声带不但可松可紧，且有170种不同的松紧度。当你让一股气流从肺部上升冲撞声带时，声带便开始振动，振动产生声音。

如果声带松弛，则每秒大约振动80次，发出的声音低沉。如果声带紧张，则振动速度较快，可以达到每秒100次，发出的声波波长短，声调较高。

儿童的声带较短，他们发出的声波波长短，所以儿童的声调高。随着年龄渐长，声带变长，声音就变得低沉。一般男人的声带比女人的声带长，这就是男人声音比女人声音粗的原因。

男孩子的声带生长得很快，整个喉部的形状改变得也很快，所以有时他们自己都不习惯这种改变。

总的来说，成人的音高决定于声带的长度，每个人的声音有一定的音域，每个人的声音各有特色，决定于音域的范围大小。人的声音可

▶男孩子的声音比女孩子更易发生改变

以分为六组：男低音、男中音、男高音、女低音、女中音和女高音。

　　人声音的品质也决定于许多其他因素，尤其是共鸣腔，如气管、肺、鼻腔等。声音优美的人，具有一定形态的共鸣腔，又知道如何控制这些部位。

▍你知道自己手掌上的秘密吗？

　　每个人都有一双手、10个手指，如果你仔细地观察一下，便会发现每个人的手上都大有文章。

　　每只手都有8块腕骨、5根掌骨、14节指骨、59条肌肉和三大神经支干，此外还有特别发达的血管系统。这些零部件的巧妙组合，让我们的双手变得灵活自如。

▶ 每个人的手掌里都藏着许多不为人知的秘密

　　在人的一生中，双手几乎不得空闲。有人做过测算，除去睡觉的时间，双手一般需要屈伸指关节2500万次以上。由于使用方式不同，每个人的手也是千差万别的。比如，双手倒立的杂技演员的手掌就和一般人不一样，特别宽厚，因为需要支撑全身的重量。

　　一般来说，男子的手粗壮有力，女人的手小巧玲珑；年轻人的手丰满结实，老年人的手干枯起皱；体力劳动者的手指粗短有力，音乐家的手指纤细瘦长。细心的人在与别人握手的瞬间，就能粗略掌握对方的基本情况。

　　我们的手部只有极少但是珍贵的油脂分泌腺，所以会比其他部分更加容易变得干燥。手上还有一个"部件"，那就是指甲。指甲平均每月长6毫米，年轻人和孕妇长得更快。经常使用的手，指甲也会比用得少的长得快。

什么是"人体黄金分割"？

"黄金分割"是由古希腊数学家毕达哥拉斯发现的，其实是一个数字的比例关系，即把一条线分为两部分，此时长段与短段之比恰恰等于整条线与长段之比。"人体黄金分割"是指人体经脐部，上、下部量高之比，小腿与大腿长度之比，前臂与上臂之比，以及双肩与生殖器所组成的三角形等都符合黄金分割定律，即0.618：1的近似值。0.618，以严格的比例性、艺术性、和谐性，蕴藏着丰富的美学价值。具有0.618比例的构造，既美观大方又十分稳固。

人体中有许多"黄金分割"：肚脐的上部与下部的比值是0.618，咽喉至头顶与咽喉至肚脐的比值是0.618，膝盖至脚后跟与膝盖至肚脐的比值是0.618，肘关节至肩关节与肘关节至中指尖的比值也是0.618。

▶按照"黄金分割"设计的造型往往十分美丽、柔和

▶ 田径赛跑是体育比赛中观赏性极强的运动之一

田径赛跑时为何总是向左转圈？

你可能已经注意到了，在田径场上举行赛跑时，如果绕场地跑，一定是朝左转圈，决不会朝右转圈。这是为什么呢？

原来，人们的心脏位于胸腔的左侧，所以在跑动时，重心容易偏左。而且人在跳动时，也多以左脚起跳，使重心偏向左脚。另外，这也受到两脚分工不同的影响。左脚主要起支撑身体重心的作用，而右脚偏重于做各种动作。在奔跑的过程中，由于重心偏左，左脚就担负起了蹬地面以增加速度和掌握方向的任务，并由此形成了向左转圈的倾向。

1912年，在国际田径联合会成立之初，便把赛跑方向统一定为"以左手为内侧"，即左转圈的比赛规则，并沿用至今。

part 4

与生俱来——身体的反应

▌睡觉打鼾是什么引起的？

睡觉打鼾是生活中的常见现象，听到有人打鼾会使很多人以为这个人睡得很香。其实，这种认识是错误的，打鼾的人的睡眠质量恰恰是最差的。为什么人会打鼾呢？

我们知道，声音是由振动产生的，打鼾也不例外。由于打鼾者的气管通常比正常人狭窄，白天清醒时咽喉部肌肉代偿性收缩使气管保持开放，不发生堵塞。但夜间睡眠时神经兴奋性下降，肌肉松弛，咽部组织堵塞使上气管塌陷，当气流通过狭窄部位时会产生涡流并引起振动，从而出现鼾声。一般情况下，肥胖者、糖尿病患者等经常有打鼾的问题。有些人身体并不胖，但由于扁桃体肥大、咽喉松弛、舌后坠等原因也可能会引起打鼾。

偶尔打鼾可能是由于疲劳等原因引起的，不必过虑。若长期打鼾且鼾声响亮，就可能引发多种疾病，一定要引起重视。

▶打鼾对人体有一定的危害

晕车是怎么回事?

　　有的人在乘坐汽车时会出现恶心、呕吐、头晕的症状，这就是人们常说的晕车。晕车与晕船、晕机等统称为"运动病"。这种病的产生主要是因为人体内耳前庭平衡感受器受到过度运动的刺激，前庭器官产生过量生物电，从而影响了神经中枢而造成的。

　　内耳前庭器官是人体平衡感受器官，它们都是前庭末梢感受器，可感受各种特定运动状态的刺激。当我们乘坐的交通工具的运动状态发生改变时，如汽车启动、减速刹车，船舶晃动、颠簸，飞机升降时，这些刺激便向人的中枢神经传递。这些前庭电信号的产生与传递，在一定的限度和时间内不会使人产生不良反应，但每个人对刺激的强度和时间的耐受性有一个限度。如果刺激超过了这个限度，就要出现运动病症状。每个人的耐受性差别很大，除了与遗传因素有关外，还受视觉、个体体质、精神状态以及客观环境（如空气异味）等因素影响，所以在相同的条件下有些人会出现运动病症状。

生物钟是一种什么样的"钟"？

生物钟又称生理钟，是生物体内的一种无形的"时钟"。地球上所有动物都有各自的生物钟，如人类具有昼夜节律的睡眠、清醒和饮食行为都归因于生物钟的作用。那么，生物钟到底是怎么回事儿呢？

当我们在一定的时间必须做某事时，到了这个时间就会自动想起这件事儿来。如你每天6点钟起床，到时间你就会自动起来，这就是人体的生物钟在起

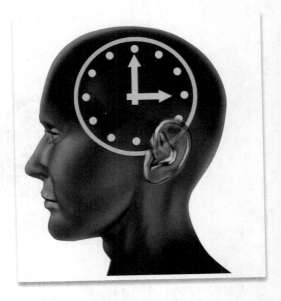

▶ 生物钟是长时间形成的生理反应

作用。人体生物钟是长时间形成的一种生理反应。生物钟的形成有两种原因，既有先天的因素，也有后天工作环境长期养成的因素。如人的昼夜节律的睡眠就是先天因素形成的生物钟，这其中地球的自转、昼夜的交替以及日光、空气、潮汐、宇宙射线、电磁场、太阳核子等都是"生物钟"的"演奏者"，它们按各自的节律发出各种刺激信号，生物接收并把这些信号一一记录下来，这就产生了"生物钟"。

后天的工作、生活环境因素也可形成生物钟，这样的生物钟是可以调整的。例如，外交官和运动员为了适应世界各地的时差，必须人为地调整自己的生物钟，努力使自己在最需要体力和精力时，"正好"处在最佳状态。

双胞胎之间会有心灵感应吗?

当一个人想起对方的时候，另一个人也可以感觉到，比如拿起电话时突然感觉到有人要打电话给自己，结果很快电话就响了！这就是心灵感应。心灵感应是一种人体与生俱来的能力，当然这种感应只发生在相互了解很深的人之间，最常见的就是双胞胎之间。

▶心灵感应通过人的脑电波传出去

一般同卵双胞胎40%左右会出现大家常说的心灵感应。比如姐姐有病了，妹妹就会很难受，哪怕身处距离很远的异地。另外，如果让双胞胎背对而站，其中一个看到一幅画或者思考一个复杂的问题时，人体繁杂的信息传导方式会将这些大脑的思维转化为辐射波或者是波动磁场在空间进行传播，而此时双胞胎中的另一个在接收到相应的信息之后会以为是自我在思考。对此，科学家认为这是拥有相同的物理与生理特性的信息流在干扰他的大脑。这可能就是基因相同的同卵双胞胎会拥有更多心灵感应的原因。

关于心灵感应，科研人员表示，由于人脑工作的机制非常复杂，目前科学上还未完全搞清楚。目前还没有直接证据证明心灵感应存在，更多的是以推测为主。同时，对于心灵感应的作用器官至今还无法讲清楚，还有待人们进一步研究。

皮肤白皙的人更容易长雀斑?

雀斑是发于颜面并散布在脸上的褐色斑点，因其形状如雀卵上的斑点而得名。雀斑是一种比较小的颗粒，为淡褐色或褐色的色素斑点，可以布满整个脸，眼睛周围、脸颊附近是最多的，一般女性多于男性。为什么会有雀斑产生呢?

大家都知道，人体肌肤内含有黑色素，黑色素可以防止紫外线透过人体。在阳光刺激下，当大量黑色素细胞合成更多的黑色素时，就会形成雀斑。如果人体内的黑色素较多，并呈均匀分布，肌肤上就不会出现色素斑点；如果人体内的黑色素较少，且分布不均匀，那么肌肤上肯定会出现色素斑点。所以，一般皮肤白皙的人更容易长雀斑，其雀斑也更为显著。

▶ 胡萝卜是对付雀斑的好选择

▶痣常于两岁后开始出现

▌皮肤上的"痣"是什么?

痣,大多数人的皮肤上都有,而且不止一个,有的显露在外,有的则被衣服遮挡着。为什么人的皮肤上会长痣呢?

其实,痣是一种常见的皮肤病,它发展缓慢,一般不表现出什么症状。有观点认为,人身上之所以会长痣是由于在人体的皮肤里有很多种细胞,其中一部分细胞错误发育,人的皮肤就长出了痣。痣是由位于皮肤表皮和真皮内的黑色素细胞聚集而成的,导致痣出现的原因目前暂无定论,一般认为痣的发生与遗传因素和紫外线为主的环境因素有关。因痣细胞的多少不同,痣可以高出皮面,也可以与皮肤相平,并且大小不一,产生部位也不一致。

害羞时会脸红是怎么回事?

很多人都有过害羞的时候，在害羞时我们往往感到心跳加速，同时还伴有脸红。为什么人害羞就会脸红呢?

大脑是人体的"司令部"，视觉、听觉神经都受大脑的指挥。当我们看到和听到使我们害羞的事情时，眼睛和耳朵就立即

▶多数人害羞时都会有脸红的表现

把消息传给了大脑皮质，大脑皮质就会刺激肾上腺，肾上腺一受刺激，立刻就会做出相应的反应，分泌出肾上腺素。肾上腺素在少量分泌的时候能够使血管扩张。随着脸部的毛细血管扩张，流到脸上的血液增多了，脸就会变得红红的。

人类的秘密

124

知识链接

肾上腺

肾上腺是人体相当重要的内分泌器官，位于肾脏上端，左右各一。肾上腺分泌肾上腺素。肾上腺素的一般作用是使心率加快，使心脏、肝脏和筋骨间的血管扩张，使皮肤、黏膜的血管缩小。

"左撇子"会更聪明吗?

生活中有一部分人，天生爱用左手，他们会不由自主地用左手吃饭，用左手使用工具，用左手拎重物……我们一般将这些人归为"左撇子"。人们都一致认为"左撇子"比习惯用右手的人聪明，这是为什么呢?

大脑对手的控制是交叉的，"左撇子"意味着右脑（右脑具有自主性，能够发挥独自的想象、思考，把创意图像化）思维较好，左脑（左脑主要控制着知识、判断、思考等）思维较差，而一般人恰恰相反。大脑皮质上的手部代表区非常大，因而手的活动对大脑功能的开发利用有着极为重要的作用。通常惯用右手的人大脑仅左半球的功能较发达，右半球的功能被开发利用得较少；而"左撇子"的右脑得到了充分的开发利用，这就能极大地提高其整个大脑的工作效率，并且只有"左撇子"才有可能将大脑左半球的抽象思维功能与右半球的形象思维功能合二为一。有的研究发现，信息从大脑通过中枢神经系统传递到左侧比传递到右侧快。正因为如此，大部分"左撇子"的人都比较聪明。

125

▶ 左撇子的人右脑往往能得到充分的开发利用

人为何在发热时会感到冷？

人在发热时总会感到冷，甚至还会"冷"到发抖，这是因为人在发热的时候身体会产生一定的应激反应。

在发热的时候，身体为了对抗病菌，下丘脑会发出信号使身体进一步发热，从而试图杀死有害病菌。其生理反应过程为：身体使靠近皮肤的皮下血管收缩，同时其他血管舒张，让血液流向感染部位。由于血液远离了外部表层皮肤，使散热减少，人就会感觉到冷。感到浑身发冷时还常常会全身发抖，那是由于增加肌肉活动可以增加身体热量，以及立毛肌收缩的结果。热量产生增多，散热就少，经过一段时间体内热量积累超过平时的状态，体温就会升高，这就是发热。等到产生的热量与发散的热量达到平衡时，皮肤血管扩张，全身肌肉松弛以及大量出汗，热量就会发散出去，体温才能恢复正常。

▶ 发热生病时就要多休息

人会在早上高、晚上矮吗？

成年人的身高一般是恒定不变的，但是在一天中的不同时间测量时会发现早晨起床时的身高要比夜里入睡前高2~5厘米。为什么人在一天中的身高会不同呢？

人的高度是由头颅、脊柱、骨盆和下肢这几部分的高度组成的，这几部分通过关节和韧带相连接。在这几部分中，与人一天中身高变化关系最为密切的要数脊柱。脊柱是人体的中轴，由24个椎骨、1个骶骨、1个尾骨依靠韧带、椎间盘及椎间关节连接而成。脊椎骨间相连的23个椎间盘的变化对人一天的身高影响最大。

▶测量身高

椎间盘由透明的软骨板、纤维环和髓核构成。特别是髓核，被嵌在相邻椎体的软骨板之间，是半透明的乳白色的胶状物质，富有弹性，含水分80％~85％。髓核有一定的渗透能力，白天工作及身体上部的体重压力可使髓核内所含的液体经过软骨板被驱出外渗，脊柱会相对缩短一些，晚上量身高就会矮一些。夜里睡觉时这种压力消失，液体又由椎体松质骨经软骨板渗进髓核并使它充满，脊柱就会变得稍稍长一些。因此，早上身高相对高一些。

剧烈运动后肌肉酸痛是怎么回事?

不常锻炼的人进行较剧烈的运动后，局部肌肉会疼痛，这与肌肉内部的能量代谢有关。

人体各种形式的运动主要靠肌肉的收缩来完成。肌肉收缩需要能量，这些能量主要依靠肌肉组织中的糖类物质分解来提供。在氧气充足的情况下，如人体处于静息状态时，肌肉中的糖类物质直接分解成二氧化碳和水，释放出大量能量。但人体在剧烈活动时，骨骼肌急需大量的能量，尽管此时呼吸运动和血液循环都大大加强了，可仍然不能满足肌肉组织对氧的需求，致使肌肉处于暂时缺氧状态，结果糖类物质分解出乳酸，释放的能量也比较少。乳酸在肌肉内大量堆积，便刺激肌肉块中的神经末梢产生酸痛感觉；乳酸的积聚又使肌肉内的渗透压增大，导致肌肉组织内吸收较多的水分而产生局部肿胀。

▶ 剧烈的运动会引起肌肉酸痛

▌睡觉时小腿为何会突然抽筋?

抽筋即肌肉痉挛,是肌肉受到强烈刺激而发生的一种收缩,一般小腿和脚趾的肌肉痉挛最常见。抽筋给人以剧烈的疼痛感,特别是夜晚睡觉时小腿突然抽筋能将人疼醒。为什么睡觉时小腿会出现抽筋的情况呢?

夜间睡眠时发生小腿抽筋的原因是多方面的,但无论何种原因引起小腿抽筋都会使人产生不适或疼痛的感觉,影响正常睡眠。有很多情况,比如白天腿部的运动量过大或用力过度而造成疲劳,夜间肌肉紧张的状态未得到改善,过多的代谢产物未能及时代谢掉,这些刺激就可以引起小腿抽筋;或者因为寒冷导致脚和腿部受凉引起腿部肌肉痉挛;还有出汗过多导致电解质缺失、缺钙及睡姿不好等原因。

如出现小腿抽筋必须给以足够的重视,注意消除能够引起小腿抽筋的因素,如睡觉时注意保暖并对下肢进行按摩等。如果发作比较频繁就应该去医院求医,查明病因及早治疗。

站久了脚发麻是怎么回事？

一个人连续坐上几小时，小腿肚子、双脚都会感到胀痛，而若长时间站立则会出现双脚胀痛麻木的现象。为什么站的时间长了脚就会发麻呢？

脚发麻是由于末梢血液流通不畅而导致的。通常人的血液能自由地通过血管到脚部，身体的血液不停地循环流动，可将各个组织内的有害废物运走。如果长时间坐着或站着，血管长时间受到压迫，血液就只能少量通过，血液就会淤积在下肢静脉中，使静脉内压力增加，毛细血管内压力也随之升高，促使血浆中的水分加速向组织间隙转移。如果下肢组织间隙中的液体滞留过多，其结果是先使人感觉脚发胀、发麻，然后出现脚肿。

出现脚麻症状后，可进行适量的活动，通过肌肉的收缩放松可使血液循环加快，组织间的液体就可恢复到平衡状态。

➤脚发麻是由于脚部血液流通不畅导致的

▶春天总是让人昏昏欲睡

春天犯困是没睡好吗?

古语说"春眠不觉晓",每到初春时分,想必有不少人会变得特别爱睡,即便是在白天头脑也昏昏沉沉的,总想睡上一会儿。为什么在春天人就容易犯困呢?

冬季临近尾声时,春天的脚步随后跟进。在寒冷的冬天,人体受到低温的影响和刺激,皮肤的毛细血管收缩,血液流量相对减少,汗腺和毛孔也随之闭合,减少热量的散发以维持人体正常体温。而进入春季后,随着气温升高,人的身体毛孔、汗腺、血管开始舒张,皮肤血液循环也旺盛起来,这样供给大脑的血液就会相对减少。而人体随着温度的升高,新陈代谢逐渐旺盛,耗氧量不断加大,大脑的供氧量就显得不足了。由于供血供氧的不足,加上暖气的良性刺激使大脑受到抑制,因而人就会感到困倦,总感觉睡不够。

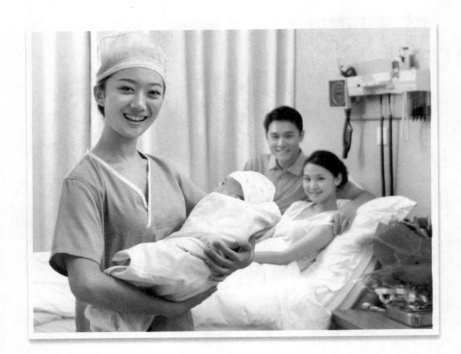

▶婴儿的第一声啼哭能给人带来惊喜

▍宝宝一出生就哭是因为害怕吗?

　　婴儿往往用啼哭来宣告自己来到了这个世界,为什么婴儿一出生就"哇哇"大哭呢?这是因为他们正在大口地呼吸着空气。

　　胎儿在母亲体内是通过脐带获得氧气并送走二氧化碳的,他的肺并不参与呼吸。但出生之后,由于离开母体就脱离了羊水和脐带,这时就需要婴儿自己用肺呼吸了。他们吸进的第一口空气会冲到喉部去,这会猛烈地冲击声带,令声带震动,我们也就听到了婴儿的哭声。新生宝宝的哭声都是比较急促的,这有利于他们肺部的扩张和膨大。

青春痘是怎么长出来的?

很多青少年在进入青春期后会长青春痘，这是因为在青春发育期卵巢和肾上腺的功能活跃，体内的雄激素急剧增加，使皮脂腺过度发育，以致过度分泌。由于皮脂又浓又多，排出不畅便聚积在毛囊之内。这时，毛囊也过度角化，脱落的上皮细胞增多，与浓稠的皮脂混在一起，形成了干酪样物质堵塞在毛囊内，于是就产生了青春痘。另外，消化不良、便秘、食用过多高脂肪食物和甜食，经常擦用某些对皮肤刺激性较大的化妆品，都可促使青春痘形成或加重。因为面部、上胸部、背部的皮脂腺丰富，所以这些部位容易长青春痘。

➤ 一般在 25 岁以后，体内激素逐渐平稳后，青春痘就会逐渐减少并自愈

与生俱来——身体的反应

133

一般到25岁以后人体进入了成熟期，体内的各种内分泌激素便处于相对平稳的状态，雄激素水平也保持在正常范围，皮脂腺的发育及皮脂的分泌亦恢复至正常状态，青春痘就会逐渐减少，症状会减轻并自愈。

知识链接

粉刺和青春痘的区别

粉刺一般是一粒粒黑色或者白色的小突起，数量通常很多，严重的会微微泛红。而青春痘一般都比较红，突出于皮肤表面，触摸时有痛感，比白色或黑色的粉刺显得肿大而严重。

肚子饿了为何会 "咕咕" 叫？

我们都有肚子饿得咕咕叫的时候，那么为什么饥饿会导致肚子的鸣叫呢？

这是因为之前吃进的食物快消化完了，胃里空空的，但胃中的胃液仍会继续分泌。这时候胃的收缩便会逐渐增强，在胃的激烈收缩下，胃中的液体和气体便被挤压得东跑西窜，从而发出声音。肚子咕咕叫就表示你需要进食了。

➤食物味美，但不可多吃

人感到紧张时为何总想去厕所？

在考试或者参加体育比赛前，有很多小朋友可能会感到紧张，紧张会使人心跳加快、呼吸急促，有的人甚至紧张到总想去厕所。为什么人在感到紧张的时候就想去厕所呢？

人在紧张的时候想去厕所是因为身体的神经系统在紧张的情况下出现了不协调，变得过分活泼造成的。人体中的交感神经（负责调节心脏及其他内脏器官的活动）与副交感神经（可保持身体在安静状态下的生理平衡）本来是默契十足的搭档，即当身体处在活动状态

▶肚子痛也是部分人紧张的表现之一

时，交感神经使肌肉有力、心脏活跃，这样身体就活力十足；而当身体处在休息状态时，就由副交感神经来工作，让交感神经休息。但是在人感觉紧张的时候，交感神经与副交感神经都会呈现出兴奋状态，于是身体的各种功能都被催促着工作。心跳加快了，呼吸变得急促，排泄、消化器官也马不停蹄地运作，因此大脑就频繁地感觉到尿意和便意。

出现这种情况时，最好的应对方法是转移过分紧张的心理状态和焦虑情绪，这样想去厕所的感觉自然就会消失了。

晒太阳皮肤会变黑吗？

经过炎炎夏季，即便每天涂上防晒霜，人也会变得比春天时黑。特别是夏季去海边游玩，晒太阳时间长了皮肤就会迅速变黑。为什么晒太阳时间长了人就会变黑呢？

在皮肤基底层的基底细胞间有一种色素母细胞，它可以产生黑色素颗粒，并将这些颗粒向皮肤表层细胞输送。如果皮肤中的黑色素含量高，皮肤色泽就显得黑黄，反之皮肤则白皙。长时间晒太阳，紫外线会较多地进入皮肤而刺激基底层，使色素母细胞分泌麦拉宁色素，如果该色素浮到表皮受紫外线刺激在酶的作用下转化为黑色素，皮肤颜色就会变黑。而当多余的黑色素聚集起来，且皮肤内污物阻塞，使黑色素无法正常代谢排出，就会形成黑斑、雀斑。

所以，为了保持肌肤的白皙美丽，人就不能长时间晒太阳，平常也要积极采取防晒措施。

▶海边紫外线强烈，人更容易被晒黑

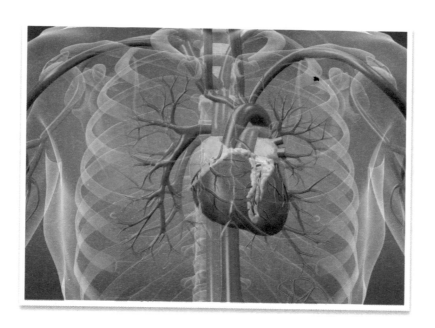
▶心脏是血液运输的动力

人失血过多会死亡吗?

在人体遭受重创失血过多时，往往会出现生命危险。为什么失血过多就会死亡呢?

因为血液是人体内部氧气和营养成分的流动载体。失血过多时，人体得到的氧气和营养成分就会不足，肌体会出现缺氧的症状。而氧气如同食物和水，是人体代谢活动的关键物质，是生命活动的第一需要。人的生存必须依赖氧气，尤其是人的大脑，最不能缺氧，长时间大脑缺氧会造成不可逆转的损害，甚至造成死亡的严重后果。

被蚊子叮咬怎么那么痒？

炎热夏季被蚊子叮咬后，会感到皮肤十分痒，若忍不住搔抓，叮咬处就会迅速肿胀。其实，这是人的身体对抗蚊子叮咬的应激反应。

吸食人血液的是雌蚊子，它们需要靠血液来繁殖后代。当蚊子用口器刺破人的皮肤时，会向人的皮肤中注入它的唾液，由于其中含有一种抗凝血剂，可以帮助蚊子更快地吸取血液。当蚊子飞走后，其唾液还会存留在人体中，为了进行自我保护，人体的免疫系统就会产生各种不同抗体来对抗蚊子唾液中的抗原，接着免疫系统还会释放一种名为组织胺的蛋白质，以对抗入侵者。组织胺是一种会引起皮肤发炎的氮化合物，这样在叮咬处就会形成一个淡红色、痒痒的肿块。如果进行搔抓，免疫系统就认为需要更多的抗体来消除外来的抗原，抓得越狠，肿得就越严重。

▶被蚊子叮咬后的皮肤会有痒、肿症状

饭后能立即干活儿吗?

有的人在吃过饭后，感觉精力充沛，就马上去干活儿。这样做是有损身体健康的。

因为进餐后胃肠道的血管会扩张，流向胃肠器官的血液增多，这是为了利于食物的消化和吸收。若餐后立即开始劳动，就会迫使血液去满足运动器官的需要，造成胃肠道供血不足，消化液分泌减少，时间长了就会引起

▶ 香肠是高热量食物

消化不良和慢性胃肠炎等疾病。另外，餐后胃中充满食物，干活儿时容易发生震动，牵拉肠系膜，会引起腹部不适、腹痛、胃下垂等。因此，饭后最好能休息1小时再干活儿。

▶ 美食令人无法抗拒，但是不宜吃太饱

运动后食欲会变好吗？

　　体育运动后，人往往会食欲大增，比不运动时吃得多。这是因为运动时呼吸加深，膈肌大幅度的上下移动和腹肌的前后运动使胃肠得到了按摩，有助于消化。同时，体育运动使得体力消耗增加，新陈代谢加快，这就要求消化器官加强工作，更好地从食物中吸取养料，来满足人体的需要。所以，运动后往往吃得比平时多。

➤运动会消耗大量热量

▶身体水分流失过多时应适量补充淡盐水

运动后喝水会越喝越渴吗?

人体的水分和盐分是有一定比例的，盐分会因排汗而流失。运动时如果出了大量的汗，人体会有很多水分流失，人就会感觉口渴，同时也会流失很多盐分。如果口渴时喝进大量的水，体液的浓度就会显著下降。为了保持原有的体液浓度，身体就得排出多余的水分，于是汗水就会流得更多。越是出汗，体内的盐分与水分就会流失越多，人便会觉得越渴。

运动后喝水要讲究方法，特别是在夏天或在湿热的环境中运动时更要注意补水。一般要采用少量多次的方法，间隔20~30分钟，每次150~200毫升，每小时的总饮水量不超过600毫升。这样既可以保持体内水的平衡，又不致因为大量饮水增加心脏和胃肠的负担。如果出汗比较多，可以喝一些淡盐水。

运动后补水不宜喝冷饮。如果喝冷饮，其产生的冷刺激容易使肠道的血管收缩而引起痉挛，有可能导致消化系统功能紊乱，而且冷饮也不利于解渴和降温。

▶夜晚关灯睡觉更有利于人体健康

人类的秘密

142

▌晚上能不能开灯睡觉?

"日出而作，日落而息"是人们普遍的生活劳动规律。到了夜晚，人们都会关闭电灯在黑暗中进入梦乡。为什么晚上人们都关灯睡觉呢?

"天黑睡觉"是人类作为自然生物一员适应自然规律形成的生活常规。如果破坏了这个常规，夜间开灯睡觉就会使人体健康受到损害。

这是因为人体本身就对光线敏感，身体皮肤在接受光线照射时新陈代谢会加快。调查显示，经常开灯睡觉会抑制人体内褪黑激素的分泌，使人体的各种免疫功能都有所下降。因为褪黑激素在夜晚人们进入睡眠状态时才开始分泌，它可以抑制人体交感神经的兴奋性，使血压下降、心跳速度减慢，从而使心脏得以喘息，增强机体的免疫力，消除白天工作和学习所带来的身体和大脑疲劳，甚至还能够杀灭癌细胞。如果经常开灯睡觉，褪黑激素分泌会受到抑制，就会削弱其对人体的保护作用，这时人体患病的概率就会大大提高。

开灯睡觉对儿童更为不利，床头的灯光不仅会影响孩子的睡眠质量，而且会影响他们的视力发育。长期暴露在灯光下睡觉，光线对眼睛的刺激会持续不断，眼球和睫状肌便不能得到充分的休息。

头发分叉是怎么回事?

人的头发在长到一定程度之后往往会出现分叉现象，头发分叉后会变得干枯、易断。为什么头发会分叉呢?

首先，从头发的结构来看，从内到外可分为三层：毛髓质、毛皮质、毛小皮。

毛髓质与毛皮质是头发的主体部分，毛小皮即通常所说的"毛鳞片"，处在头发的最外层，它是由7～10层已死亡的细胞构成，如鱼鳞般覆盖在头发表面，可对头发起保护作用。健康的毛小皮完整、伏贴，因此头发表面很平滑。

▶ 分叉后的头发枯黄、易断

健康的头发每月大概生长1厘米，以40厘米的头发来算，其发梢部位就生长了3年多的时间了。这3年中，风吹日晒、梳洗吹干、染烫，都会对头发造成损伤，而首先受损的就是头发最外围的毛小皮。如果毛小皮翘起、破损，甚至缺失，毛皮质就会直接暴露出来，头发就会出现干枯、分叉的现象。

指甲为何能不停地生长？

指甲需要定期修剪，过长就会积存细菌，且不利于手部的活动。为什么指甲经不断修剪却还能不停地生长呢？

人的手指甲是由一种硬角蛋白组成的，是从表皮细胞演变出来的。在指甲的根部，有一个呈半月形的白色区域，叫作甲根，这里是指甲的生产工厂。甲根不断地制造角质蛋白细胞，角质蛋白细胞从出生到死亡，每时每刻都在进行着新陈代谢，指甲就是由这些死亡的角质蛋白细胞构成的。当新的角质蛋白细胞产生时，会将指甲向外推出，所以指甲就能够不停地生长。

▶指甲也能为美丽加分

指甲有保护手指头的功能，可使手在活动时不致碰伤柔软的尖端。正常情况下，手指甲大约以每天0.1毫米的速度生长着。

知识链接

健康指甲的特征

健康指甲甲色均匀，呈淡粉红色；甲质坚韧，软硬适度，不易折断；表面光滑，有光泽；指甲根部的甲半月（俗称月牙）占指甲的五分之一，以乳白色为宜。此外，指甲边缘整齐、指甲无分层等也是指甲健康的特征。

人感到冷的时候为何会发抖？

当人感到寒冷的时候身体经常会不由自主地发抖，为什么人冷的时候会发抖呢？

在寒冷中无意识的肌肉收缩是人体面临过度寒冷的保护性反应，肌肉的运动会导致机体温度的上升。在感到寒冷时，我们通常都会通过活动肢体来驱寒。如果人不愿活动，位于丘脑下部的供暖中枢就会发出信号，使肌肉抖动以提高体温。一般肌肉的收缩抖动可使体表温度升高3～5℃。

▶肌肉抖动可以帮助人体御寒

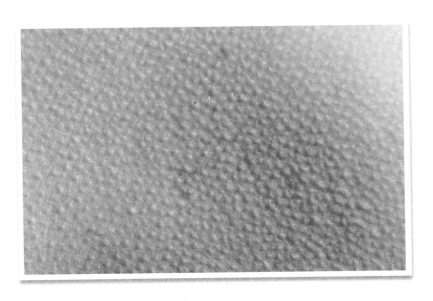

▶起鸡皮疙瘩是人体的一种应激反应

人老后变矮是怎么回事？

人在进入老年之后，不仅皱纹多了，头发白了，身高也会出现明显的下降。特别是身材高大的人，年老之后身高下降得更为明显。据调查，一般80岁以上的人身高会比年轻时下降10～15厘米。为什么人老后会变矮呢？

其实，老年人身高降低的主要原因是脊柱缩短。人老后人体的各项功能出现了老化，影响了椎间盘的厚度。随着人年龄的增长，椎间盘会逐渐发生退行性变化，这种变化主要表现为由于软骨细胞基质中黏多糖蛋白

▶ 人进入老年之后，身高会出现明显的下降

的作用使水分减少，甚至出现钙盐的沉积。因为软骨没有血管，其营养来源依靠基质的渗透和扩散作用来提供。但由于基质的变性，软骨细胞的营养来源受到影响，软骨细胞出现退化或死亡，基质生成的压力就使椎间盘慢慢变薄。虽然性激素可促使软骨纤维生成，但是老年人性腺功能减退，软骨生长就会变慢，无法改变椎间盘变薄的趋势。所以老年人变矮主要是躯干缩短明显，但四肢缩短很少。

洗热水澡为什么能消除疲劳？

洗热水澡能解乏已经成为人们的普遍共识。在繁重的体力劳动或紧张的学习之后，人们往往喜欢洗个热水澡进行放松。为什么洗热水澡能消除疲劳呢？

身体疲劳的主要原因是运动过量使供氧不足而导致肌肉酸痛。再者，一天的工作、学习也会让人精神疲劳。洗热水澡能刺激毛孔扩张，加速血液循环，使肌肉得以放松。对于精神性疲劳可采取盆浴，在温水中浸泡半小时左右，可有效促进血液循环，加强机体的新陈代谢，从而消除身心疲劳。另外，洗澡还洗掉了身上的汗液和排泄物，使肌肤清爽松弛，人也会感觉轻松很多。

当然洗澡时并不是水越热越好，尤其是对患有高血压和心脏病的人，水温更不可过高。一般热水浴的水温控制在38～40℃最为适宜。

▶洗热水澡可帮助人消除疲劳

泡温泉有什么好处？

温泉热浴不仅可使肌肉、关节松弛，能消除疲劳，还可扩张血管，促进血液循环，加速人体的新陈代谢。此外，温泉中含有丰富的化学物质，对人体疾病有一定的治疗作用，如患有关节炎、神经痛等疾病的人若能长期坚持泡温泉，其病症就可得到一定的缓解。

▶泡温泉可消除疲劳

眉毛为什么没有头发长？

每个人可能都有过一种疑问，为什么我们的眉毛不能长得像头发一样长呢？

下面就让我们来一探究竟吧。眉毛和头发等统称毛发，它们都"扎根"于表皮下面的毛囊内。毛囊底部的细胞不断地分裂、死亡，死去的细胞被挤出体外，这就是毛发。因为眉毛和头发长在人体的不同部位，这也决定了它们的生长周期不同。通常，人的每一根头发可以连续生长2～6年，然后停止生长，过3～4个月这根头发就脱落了。如果这根头发每天长

▶ 眉毛有重要作用

0.3毫米，那么6年后就可以长到66厘米。而眉毛每天长0.16毫米，生长周期只有2个月左右，一旦停止生长，用不了几天时间就脱落了。这样看来，眉毛长不长是因为它的寿命太短，还没来得及长长就已经死亡了。

眨眼睛有什么作用？

正常人的眼皮，每分钟大约要眨动15次。眨眼对眼睛有很多好处：首先，它可以起到清洁和湿润眼球的作用；其次，眨眼睛可以起到保护眼睛的作用，当风沙或飞虫接近眼睛的时候，眼皮会自然眨动，这就挡住了沙粒和虫子。此外，当眼睛感到疲劳的时候，眨动几下就会觉得舒适一些。这是因为眨眼睛的一瞬间光线被阻断了，眼睛可以得到短暂的休息。

有的人特别爱眨眼睛，这会造成眼睛过于劳累，从而影响视力。产生这种毛病的主要原因是患有某些眼病，眼睛为减轻不舒适的感觉，只好加快眨动的频率，时间一长就养成爱眨眼的习惯了，眼病治好后仍然可能留下爱眨眼的毛病。

爱眨眼并不是病，如果没有不舒适的感觉就不需要治疗，只需克制，尽量减少眨眼的次数，过一段时间就会好转。如果在爱眨眼的同时，还有怕光、流泪、视力下降等症状，就应及时到医院诊治。

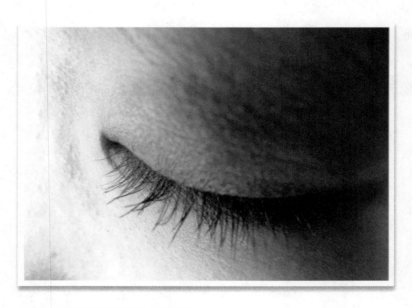

▶人眼皮在眨动时有清洁眼球的作用

伤口愈合时为什么会痒？

人的皮肤分为多层，在表皮的最底层细胞叫生发层，它的生命力很强，能不断地生长繁殖。表皮损伤的浅伤口就是靠生发层长好的，神经不会受到刺激，这种伤口愈合时，一般不会有痒的感觉。但是伤口较大、深达真皮的伤口将要愈合时常会发痒。这是因为较深伤口的愈合是由一种新的组织补上去的，这种新的组织叫结缔组织。新生的血管和神经都要长出结缔组织，这些新生的血管和神经特别密，血管和神经挤在一起，新生的神经容易受到刺激，而且神经非常敏感，所以就会产生痒的感觉。

▶ 较深的伤口愈合时会有发痒的感觉

知识链接

皮 肤

皮肤是人体最外面的一层组织结构，是人体最大的一个器官。既是神经系统的感觉器，又是效应器，冷、热、疼、情绪变化等机械和化学性刺激都反射性地引起皮肤血管收缩或舒张、立毛肌收缩、汗腺分泌、皮肤毛细血管通透性的改变等。所以，人们常说皮肤疾病可反映内脏和血液系统的变化。

皮肤碰伤后又青又紫是怎么回事？

碰伤后的皮肤会出现青紫色是因为表皮下脆弱的毛细血管受到挤压而破裂，血液流到血管外而出现瘀血、肿胀，压迫并刺激神经，使人感到疼痛。乌青块通常发生在肌肉比较少，缺乏缓冲作用的"皮包骨头"的部位，如头顶、前额、膝盖、脚背等处。

乌青块里的瘀血是鲜红色的，可是光线通过皮肤组织再被反射到表面就呈现出青紫色的肿块。

因为感到疼痛，我们会使劲揉搓乌青块。这种做法只会加剧毛细血管的破裂，增加出血量，使乌青块变大，是不可取的。正确的方法是：在受伤处覆盖冷的湿毛巾，冷敷可以促使血管收缩，减少出血，并减轻痛感；24小时后再用热毛巾敷于受伤处，这时血管已经不再出血，热敷可以促进瘀血吸收。

一般情况下，白细胞会很快聚集到乌青块中来"收拾残局"，吞噬各种细胞碎片，几天内肿胀就会慢慢退去，颜色也能恢复正常。

▶ 皮肤出现损伤的青紫现象

▶ 适当的休息可以缓解眼跳的症状

眼皮跳动是怎么回事?

我们俗称的眼皮就是解剖学意义上的"眼睑"。眼睑内有两种肌肉:一种叫作"眼轮匝肌",其形状似车轮,环绕着眼睛,当它收缩时眼睑就闭合;另一种肌肉叫作"提上睑肌",它收缩时眼睑就睁开。这两种肌肉的不断收缩和放松,使眼睛能睁开和闭合。然而,一旦受到某种因素的刺激,这两种肌肉兴奋就产生了反复的收缩,甚至痉挛或颤动,人们就会明显地感觉到眼皮在不由自主地跳动,难以控制,这就是眼皮跳。

最常见的导致眼皮跳的原因是用眼过度,造成眼睛疲劳,或劳累、精神过度紧张等。比如,使用电脑时间太长,在强光或弱光下用眼太久,考试前精神压力过大等,都可能使眼皮乏力而不由自主地跳起来。此时,只要稍作休息,闭目养神,症状就会自然消失,不必紧张或烦恼。

饭后马上运动好不好?

饭后立即做剧烈运动将会抑制消化液分泌和消化管的蠕动。因为做剧烈运动时,流经全身肌肉的血液增加,流经胃及内脏的血液就会相对地减少,从而影响胃液分泌,使食物消化不好。同时饭后胃的体积变大,马上运动就会造成胃下垂。因此,饭后立即做剧烈运动是不适宜的。如果有正式的训练或剧烈紧张的比赛,最好在饭后1.5小时后再进行。但对于经常参加体育活动的人来说,饭后休息10~30分钟,即可从事一些非剧烈性的运动。

人迷路时会走直线吗?

人们在雾中或暴风雪中迷路时，常会走上几小时却还以为自己正在沿着一条直线前进。可是走来走去，常常会发现又回到了原来出发的地点。

如果不用眼睛来矫正，我们就无法走直，这是因为我们的身体是不对称的。也就是说，我们身体的左右两侧并不是处于完全平衡的状态。例如，心在左边，而肝在右

▶人体肌肉不是完全对称的

边；我们的骨骼也是不对称的，首先脊柱就不是完全直线的；我们身体两侧的腿脚也是不完全相同的；等等。这一切都意味着我们身体的肌肉结构是不对称的，或者说是不完全平衡的。

由于我们的肌肉左右不同，这就影响了我们的走路方式，影响了我们的步态。如果我们闭上眼睛，我们对步态的控制就要依靠肌肉和其他身体结构，这时身体的某一侧就会迫使我们沿着某一方向转，结果使我们兜着圈走。

顺便说一句，不仅我们腿上的肌肉是这样，我们的臂也是这样。曾有人做过试验，让蒙上眼睛的人开车沿直线前进。大约20秒之后，所有人都走出了直线。正因为如此，我们在步行或开车的时候一定要睁大眼睛!

反射活动是如何形成的？

在你去看医生的时候，有没有过这样的经历：医生让你把一条腿搭到另一条腿上面，然后用一个小橡皮槌敲你的膝。

其实，医生的这一举动是在测试你的反射活动。在这个例子中，测试的是一个特殊反射，叫作膝跳反射，因为小槌就打在膝盖下面的肌腱上。

▶对身体反射的研究可以很好地治疗一些病症

小槌打在肌腱上时究竟发生了什么事情呢？一个刺激信号由肌腱上的一个感觉神经细胞发出并传到脊髓，脊髓收到信号后会发出一个信号传给一个运动神经细胞，运动神经细胞收到信号后就会向腿部肌肉放出一股动作电流。于是大腿肌肉便收缩了，就仿佛在自卫时要踢敌人的动作一样。

这个动作就是一个反射活动。换句话说，动作是自动的。我们并没有控制这个动作，因为这个动作并不是由大脑发起的。比如说，你上床后闭上眼睛，这是在做一种随意的动作。可是如果有一小块土粒飞进你的眼里，你就会马上闭上眼，也不管你自己是否想闭上，这种自动的动作就是反射。

所以，我们可以给反射下个定义：反射是身体对外界刺激的自动反应，它不受意志的影响。

反射活动是怎么发生的呢？

脊髓是反射活动的传递中心。感觉神经细胞由皮肤传送刺激信号直到脊髓，然后再由脊髓发送信号到运动细胞。这些运动神经细胞再发放电流到某些肌肉，使肌肉活动起来。神经冲动并不经过脑子。

人体神经系统完成的动作中，90％以上都是反射动作！

胃为什么不会消化掉自己?

或许有人会问，胃既然能够消化生肉，为什么胃不会被自己消化掉呢?原来，胃经常大量分泌一种黏液，这种黏液可以起到保护胃壁不受胃酸腐蚀的作用。

在过去很长一段时间里，人们都不了解胃消化食物的功能和方法。

1822年6月2日，一个叫圣马丁的

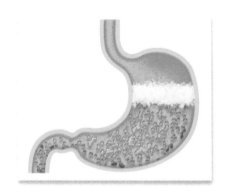

▶ 胃是消化系统中最重要的一部分

人，其胃部受了严重的枪伤。美国著名军医鲍蒙特在救治他的过程中，限于当时、当地的条件，只能将圣马丁的胃壁与腹部皮肤先缝合起来，并在圣马丁的上腹留有一个小小的"窗口"，一方面可以观察病情，另一方面便于研究胃的活动和消化情况。由于有了这次临床经验，使鲍蒙特观察到缓缓流出的胃液中含有大量的"盐酸"，它具有很强的杀菌作用。如果把肉块放入胃里，大约只要两小时就被消化掉了。

从此，人们才清楚胃酸是使食物得以消化的重要媒介。盐酸是一种腐蚀性很强的液体，而胃酸的浓度只有标准盐酸的5％。尽管如此，其腐蚀和消化能力也是相当惊人的。假如由于某种缘故使黏液分泌过少，或使胃液分泌过多，那么胃本身也会受到胃酸的攻击，进而开始"消化"胃本身。胃溃疡就是这样形成的。

夜晚磨牙是怎么回事儿?

有些人晚上睡觉时牙齿会不由自主地互相摩擦，并发出刺耳的声音，这就是我们常说的"磨牙"。那么，夜晚磨牙到底是怎么回事儿呢?

▶ 睡觉磨牙可能是疾病的预警

有的人磨牙是因为身体里的肠道寄生虫——蛔虫和蛲虫所导致的。蛔虫是人体中最常见的寄生虫之一，尤其对于儿童来说更是如此。儿童平时稍不注意卫生，体内就会有蛔虫寄生。蛔虫寄生在人体小肠内，不仅掠夺人体的营养物质，还会刺激肠壁分泌毒素，引起消化不良或脐周围腹部隐隐作痛，以及出现失眠、烦躁和磨牙现象。还有蛲虫，蛲虫平时寄生在人体大肠内，当人入睡以后，它便悄悄地爬到肛门口产卵，引起肛门瘙痒难忍，使人夜寐不宁，也常常会出现磨牙。对于这种原因引起的夜晚磨牙，只要进行相应的驱虫治疗，往往就能够有效地消除磨牙。

有的人平时晚上并不磨牙，但如果临睡前刚看完恐怖紧张的电影或小说等，由于神经系统过于兴奋，也会出现夜间磨牙。有时晚上蒙被睡觉过久，因大脑组织中二氧化碳积聚和氧气供给不足，这种刺激也可引起夜间磨牙。所以，临睡前不宜看过于紧张的影视作品或文学读物，并注意睡眠卫生，不要蒙头睡觉。

还有的人则是由于饮食习惯不良、膳食分配不合理，以致入睡时胃肠道里还积存着大量未被消化的食物，整个消化系统还需被迫"加夜班"连续工作，甚至连咀嚼肌也被动员起来，会不由自主地收缩，从而引起磨牙。因此，晚餐不宜吃得过饱，并应注意饭后进行适当的活动。

part 5

未解之谜——特殊的人体

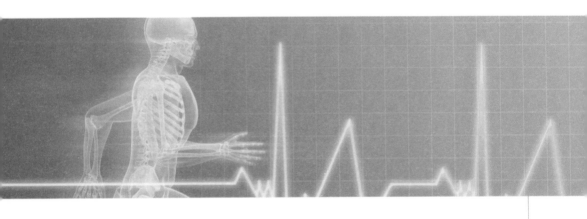

有天生没有指纹的人吗?

我们每个人的手上都长着密密麻麻、凹凸不平的指纹,每个人的指纹都是有区别的,相同指纹的概率是六十亿分之一。也就是说,这个世界上没有两个指纹完全相同的人。然而,令人吃惊的是,世界上竟然还有没有指纹的家族。

无指纹病是指手指和脚趾都没有指纹。无指纹的人通常身体无法排汗,意味着任何一个热天或者剧烈的活动都会让患者中暑。这种疾病通常由家族中的女性遗传给下一代,患者

▶指纹可增加摩擦力,便于人们拿握工具

除了没有指纹和无法排汗之外,通常还表现出多种不同症状,如头发稀疏、没有牙齿、指甲易断、皮肤上有色素沉着等。

科学家解释说,我们手指和脚趾的纹络(也就是指纹)在胎儿发育11周时开始形成,但是如果此时发生了特别的基因变异,那么身体就永远也不会制造出形成指纹的信号,结果就造成了一部分人的网状色素性皮病。

特别的例子是:居于我国台湾宜兰县宜兰市的黄氏家族都没有指纹,但却身体健康。他们不仅排汗正常,而且也没有什么其他不良症状出现。对于这种情况,还有待于医学专家们进一步研究。

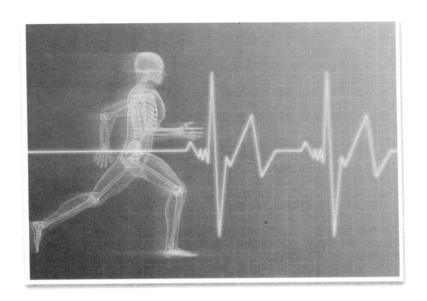

▶人体存有肉眼看不见的辉光

人体辉光是怎么回事儿？

夜晚萤火虫会发出一闪一闪的光芒，非常漂亮。其实人体也会发光，而且每个人都会发光。根据生物体不同的生态、体质与性状以及不同的生化反应，有生命的生物体会发出色谱不同与强度有别的彩光，科学家称之为"生命辉光"。

自从1911年英国一名叫华尔德·基尔纳的医生发现人体辉光之后，辉光就引起了科学界的广泛关注。每个人都有辉光，一般人所发出的辉光只有20毫米左右，通常由于我们处在一般的生活环境中，所以不易被人眼看到。实验表明，人体辉光的颜色和形状会根据人的健康状况、生理和心理活动等发生变化。通常，青壮年的光晕比老人和婴儿明亮，身体健壮者比体弱者明亮，运动员比一般人明亮。日本医学界认为，通过对人体的生物光检测，可以得出人体新陈代谢的平衡关系，而且可以通过光的变化来测定病人新陈代谢的异常和人体的内在节律。另外，有人还想把它应用到犯罪学上，譬如在对犯人进行审问时，可以根据辉光的变化测出该罪犯是否说谎等。

对于人体辉光的来历，虽然众说纷纭，但终究还是个没有解开的谜。辉光以其特殊的魅力吸引着众多的科学家为之探索。

知识链接

人体辉光的特点

经过几十年的研究，人们认识到凡是活的生物体周围都有以一定节奏脉动着的彩色光环和光点。每个人自呱呱坠地至离开人世间，始终都在发射这种超微弱冷光。它会随着人的年龄增长、健康状况的变化，以及饥饿、睡眠等生理变化而发生相应的改变。当人死亡一段时间后，其光环即行消失。

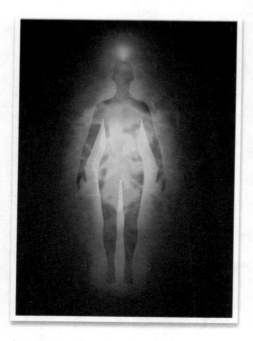

➤人体辉光至今是一个未解之谜

人体真的会自燃吗？

人体自燃现象，是指一个人的身体在并没有与外界火种接触的情况下而自行起火燃烧的现象。这种不可思议的现象，最早见于17世纪的医疗报告中，在20世纪、21世纪也都有人体自燃现象出现。人体自燃是怎么回事儿呢？

针对全球多例人体自燃现象，研究者发现死者大部分都是女性，且往往身材肥胖，有酗酒的恶习。

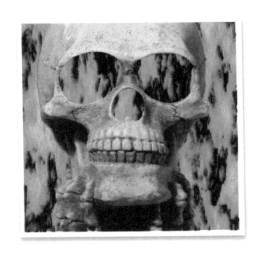

▶ 燃烧若发于人体将是十分可怕的

自燃经常发生于饮酒之后，四肢通常未被烧毁，而躯干被烧的程度最严重，有的甚至被完全烧毁，骨头被烧成了灰烬。火势局限于人体和附近，而没有蔓延开去，周围的家具一般未受损或损害不大。

针对人体自燃现象，目前科学界最为普遍的解释是"灯芯效应"：酒醉或昏睡的人穿的衣服被火点燃，皮肤被烧得脱落，皮下脂肪熔化、流出，衣服被液化脂肪浸湿后成了"灯芯"，而体内的脂肪就像是"蜡"，源源不断地提供燃烧的燃料，于是尸体就像蜡烛一样慢慢地燃烧起来，直到所有的脂肪组织都被烧完为止。妇女和身材肥胖的人体内脂肪含量高，容易成为"人体自燃"的牺牲品。多余的脂肪通常储存于躯干和大腿，因此这部分的烧毁程度最严重。

有人认为"灯芯效应"并不能解释清楚人体自燃的现象，因为它没有揭示出人体自燃的真正原因。所以，对于人体自燃的问题，研究者仍在寻求一种科学而合理的解释。

"镜面人"是怎样的一类人?

　　每个人的内脏都有固定的位置,各司其职。然而,有些人却奇怪得很,其内脏长得左右相反,医学上把这种现象叫作"镜面人"。

　　"镜面人"的心脏、肝脏、脾脏、胆等器官的位置与正常人相反,心脏、脾脏在右边,肝脏位于左边,心脏、肝脏、脾脏的位置好像是正常脏器的镜中像。有医学专家认为,"镜面人"是在人体胚胎发育过程中,与父母体内基因的一个位点同时出现突变有关,只有父母两人的这种突变基因同时遗传给孩子,孩子才会成为"镜面人",而且这种突变是隐性遗传的,所以遗传概率很低。"镜面人"的出现概率仅为百万分之一。至于基因突变的原因,目前医学上还没有科学定论,对于"镜面人"现象的成因还需要科学家们进一步的研究。

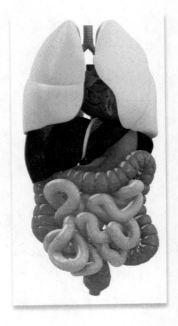

▶ 人体内脏图

知识链接

突变基因

　　基因虽然十分稳定,能在细胞分裂时精确地复制自己,但这种稳定性是相对的。在一定的条件下,基因也可以从原来的存在形式突然改变成另一种新的存在形式,即在一个位点上突然出现了一个新基因,代替了原有的基因,这个基因就叫作突变基因。

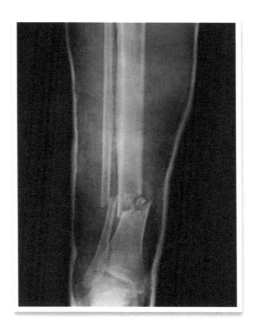
▶ 手脚骨折对"玻璃人"而言是常事

▌ "玻璃人"为什么容易骨折？

　　"玻璃人"的定义是借玻璃易碎的特性来比喻易于受伤的人，尤指因为先天体质的原因频繁受伤且伤愈后又很容易旧伤复发者。

　　在正常人看来普通的磕磕碰碰，对"玻璃人"却是非常危险的。部分"玻璃人"甚至脆弱到咳嗽一声就会骨折，手脚不小心碰到硬物就能折断。易于骨折的病症给这些人带来了极大的痛苦。对此病症产生的原因，有科学家认为是由于成骨不全造成的，属于一种因先天遗传性缺陷而引起的胶原纤维病变，可导致患者骨质薄脆，像玻璃一样经不起碰撞。但是，目前这一说法还没有充足的证据来证实，因此该病的成因依然是一个令人费解的谜团。

双胞胎村在哪里？

双胞胎的出现并没有什么稀奇，然而多对双胞胎出现在同一个地方，那就十分罕见了。

在济南市历城区仲宫镇有一个远近闻名的双胞胎村，叫核桃园村。约从1960年开始，此村庄的双胞胎不断诞生。全村有近450户人家，其中双胞胎就有20多对，也就是平均每20户人家就有1对双胞胎。在村庄中甚至还有一户人家的祖孙四代都有双胞胎。这样高的比例十分罕见，经媒体报道后曾一度引起轰动。

村民们都没有做过激素注射，这里的双胞胎都是自然孕育的。一般来说，双胞胎的出现概率为1%～2%，核桃园村的双胞胎出现率如此之高究竟是怎么造成的还有待科学家进一步的研究。

➤ 可爱的双胞胎

▶无论是胶片还是数码相机，有些人就是无法留下影像

世界上有照相照不上的人吗？

每个人都喜欢拍照片，让照片留下生命中每一个美好的瞬间。但是在科学发达的今天，竟然有人用极其先进的照相机也拍不出自己的照片，因为无论怎么拍，他们都不会在照相机中留下任何影像。

在阿尔及利亚以东的提济乌祖市，有一位名叫哈利马·巴德科弗的妇女就是这样的人，她所有的证件上都没有贴照片，其亲属们的合影中也没有她的任何留影。有人通过对照相机成像原理进行分析，认为一般在拍照的时候，都是由于人体发出的反射光进入了照相机的镜头，然后再经过各种程序的处理，最后才能成像。这位妇女无法成像有可能是因为她自身发出的反射光无法进入照相机镜头的原因。但是，为什么只有她发出的反射光无法进入照相机镜头呢？科学家们对此也无法做出合理的解释，因此我们只能期待更先进的科学技术来揭开这个谜团了。

世界上有"带电"的人吗?

人体本身就是一个导体,同时也是一个带电体。经常会由于摩擦起静电而使身体积累静电,这种人体带电是很正常的事情。但是,不经意间放出巨大的电量,并把与之接触的人电击得没有知觉的情况还是很少见的。

近年来,在世界各地有多例人体带有超大电量的报道。这些人与普通人看起来没有区别,但是当他们与人接触或者接触其他物体时,经常产生电光和响声,有带电量大的人甚至能将与其接触的人电晕。为什么这些人会"带电"呢?

有人认为,人体里有电流是因为钠、钾、钙等电解质溶解于人的体液中,便形成了带电的离子,这些离子在外电场的作用下,在体液内做定

▶有的人天生带有的静电量超过普通人

向移动,从而形成了导体。然而,这些人为什么会带有如此大电量的静电呢?对于这个问题,科学家们也没有给出一个合理的解释,还有待我们继续探索。

你听说过"人体磁铁"吗?

磁铁可以吸附某些金属,是因为磁铁具有磁力。然而,有些怪人也具有磁性,甚至其产生的磁力比磁铁都厉害,不仅可以吸附金属,还可以吸附非金属之类的物体,堪称一绝。

在罗马尼亚,有一名男子被称作"人体磁铁",因为他的皮肤能够吸附起任何东西,不管是金属还是木头,甚至连瓷盆都可以被吸起。

"人体磁铁"现象显然违反了物理学法则,因为只有铁和钴、镍等金属才具有磁性。而且人体内并不包含太多的金属,铁虽然是人体中含量最高的金属,但每个人体内的含铁量加起来也只有两枚钉子大,这么少的铁是绝对做不成磁铁的。所以,对于"人体磁铁"的奇怪现象,目前还没有定论,作为一个谜团,还需要我们继续研究。

▶ 铁矿石

世界上有头上长角的怪人吗?

　　每个人都向往拥有美丽的容颜，长相奇特往往会被认为是异类。有些人就长得非常特别，会在头上长犄角，在身上长刺针，而且人头上长犄角的事在古今中外都有记载。

　　在我国晋朝的《华阳国志》、明朝的《玉芝堂谈荟》中都曾记载有头上长角的患者；在近些年，我国各地也有长角的病人出现。不仅如此，国外也陆续发现了一些这样的怪人。这些头上长角的怪人，有的像牛羊那样长有双角，有的长有一只角，而且这些角的位置并不固定，有前有后，有的就长在头顶中央。

　　对于这些稀奇古怪的犄角，科学家们做了大量的研究。有人认为，人体长犄角可能是由基因突变导致的，但长犄角的现象仅仅是特例，这种观点并不能对所有患者做出合理的解释。在医学界有人认为，这是一种皮肤高度角化症，但为什么有些人的皮肤会高度角化呢？目前原因仍不清楚。

▶人头上若跟牛一样长有犄角则是一种病症

"返老还童"真的存在吗?

时光流逝,青春一去不复返。即便现在有很多高级化妆品及整容之术,容颜仍禁不住会逐渐老去。然而,有的人却出现了真正的返老还童现象,青春在他们的身上驻足,这是怎么回事儿呢?

在我国湖南省衡阳县曾有一名老先生,在97岁的时候长出了两颗新牙,且满头雪白的头发和眉毛也从发根处逐渐变黑,这种神奇的"返老还童"现象震惊了邻里亲朋。

▶ 返老还童

不仅在我国,在丹麦也曾有一位妇女出现了"返老还童"的现象。这名妇女在52岁的时候看上去就像18岁的少女,且她的内脏与年轻人的不相上下,岁月似乎并没有在她身上留下任何痕迹。

有人认为,出现"返老还童"现象的人体内含有抗衰老物质,可是科学家并没有找到这种神奇的物质。也有人猜测,人体脑下垂体的"死亡激素"会使人衰老,若能抑制其分泌,衰老就会得到控制。然而遗憾的是,人类还没有找到这种"死亡激素"。

"返老还童"现象至今依然是一个争论不休的话题,或许将来会解开谜团,到那时我们就可以真正实现"长生不老"了。

人能不能一直不睡觉？

睡觉是人正常的生理需要，如果有人连续几天不眠不休，身体和精力就很可能会支撑不住。然而，世界之大无奇不有，在印度尼西亚的巴厘岛上就有一个40多年不睡觉的怪人，他的名字叫基杜尔。第二次世界大战期间，基杜尔曾经作为民防队员奉命看守4名日本战俘，并连续5天5夜没有合眼。奇怪的是，从此以后，他竟失去了睡眠功能，再也没有睡过觉。每到深夜别人入睡时，他就去看戏、阅读报刊、收听广播、学习英文、弹钢琴或吉他，以打发漫长的黑夜。天亮以后，他照样到田里干活。基杜尔很少生病，他有18个子女。许多心理学家和医生，甚至巫婆、神汉等都给他进行过治疗，其中包括药物治疗、理疗、针灸、念咒作法等，可这些治疗都不奏效，人们也无法知道他为什么可以一直不睡觉。

▶睡眠是人类不可缺少的一种生理现象

▶饮食是人体赖以生存的重要方式

世界上有爱吃硬币的人吗？

人的胃到底能消化掉什么？这个问题至今仍让生理学家感到困惑，因为有的人什么东西都能吃。

美国纽约麦托罗帕里坦医院曾经收治过一个自称"肚子沉甸甸"的患者。经过手术，医生从他胃里取出了300枚硬币、40把指甲钳及100多个螺丝，这些奇特的"食品"令人咋舌不已。

无独有偶，瑞士的卡缪·罗谢在吞食硬物方面是"行家"。作为一名马戏团的演员，他最喜欢吞食剃须刀，至今已若无其事地吞下过5万多个钢铁硬物。医生曾用X线检查他的胃，发现里面竟然还有一把短剑。

印度新德里的萨林贾马伊克的佳肴是每餐1块砖。不过，你不必替他担心，他本人就是医生。

英国的瓦尔特·克纳里乌斯的美餐是杂草，而且吃的时候从不忘记使用小刀和调羹，还真有点儿绅士派头呢。

琼·玛莱依也是一位英国人，他是个"烟迷"，不过他不是抽烟而是吃烟。"香烟三明治"是他最偏爱的食物，可是一般人吃了却会丧命。

最令人称奇的要算是美国人利斯了，他的嗜好是吃灯泡。因为灯泡总是被吃，他家时常不得不靠点蜡烛过日子。

世界上有能够预测地震的人吗？

地震是一种突发性的自然灾害。一般来说，对地震的监测和预报都是通过比较精密的科学仪器来实现的。然而，美国加利福尼亚州的一名女子却能够以惊人的准确性预报地震的发生。

这位女子名叫夏洛蒂，每当她预感到地震将要发生时，就会听到一种声音或感到某种疼痛，根据声音的变化或疼痛的部位，她就能够

▶地震产生的断裂地面

预测地震将在什么地区发生。

1985年5月5日，夏洛蒂曾打电话给一家通讯社，称自己预感到在阿拉斯加—阿留申群岛地区将发生一次大地震。两天后，那里果然发生了地震。夏洛蒂准确地预报地震经过了许多次证实。从1976年开始，夏洛蒂有时能听到多种不同的声音。而这种声音出现后，一定会伴随着某地的地震。在地震前，她的血压升高、呼吸困难，会很不舒服。

许多学者曾试图搞清为什么夏洛蒂能"接收"到地震的信号而产生身体反应，但是迄今为止未找到真正的答案。

人体高压电是怎么回事儿？

每个人的身体里都有生物电流，身体组织的每个细胞就像一台极其微小的生物电流"发电机"。比如，心脏跳动可在身体表面产生0.001～0.002伏的电压，人脑的输出电压为0.00001～0.00002伏，由于电压很低，人们平时感觉不到。然而，有些人的身上却有相当高的电压，这让许多医学家百思不得其解。

美国曾有一位名叫詹尼·摩根的女子，她在14岁之前还是个正常人。但从1895年开始，15岁的她突然变得像个强大的蓄电池。当她伸手去抓金属门把手的时候，电火花会从她的手指尖放出。如果有人不小心触及了她的身体，就会受到强烈的电击，医生在对她进行检查时也被电流击倒。这种情况直到詹尼·摩根发育成熟后才逐渐消失。

另一位奇特的带电人是加拿大安大略省的卡罗琳·克莱尔。1877年她17岁时生了一场怪病，一年半后病情好转，但在身体复原的同时，她发现自己身上有了一种奇异的现象，任何人只要碰到她就会受到电击。她还有很强的磁性，拿起金属物品就无法再放下。

人体高压电是怎样产生的？高压电为什么会在某一段时间出现，而在另一段时间消失呢？直到现在，这仍是一个难解的谜。

▶多数海豚用回声定位捕捉猎物

▌世界上有依靠回声就能定位的人吗?

　　人们定位通常是用眼睛看、用耳朵听,可你听说过依靠回声来定位的人吗?英国盲童德里奇就能依靠回声来定位。虽然小德里奇双目失明,可他却能像蝙蝠和海豚一样靠回声来"视物"。

　　蝙蝠和海豚可以在每秒内发出数百下"咔嗒"声,它们通过声波撞上物体后的回声来辨别猎物的位置。当然,由于人发出的声音相比蝙蝠和海豚间隔的时间长、频率低,所以通过"回声定位法"只能识别较大的物体,而无法像蝙蝠那样可以识别出"一只蚊子"。而德里奇依靠"舌头",即使在人流如织的大街上也能行走自如,不会撞上其他行人或电线杆,他也因此被人们称为是"海豚儿童"。

人体的潜力到底有多大？

在苏联时期，一架飞机在某地迫降，正当飞行员察看飞机起落架的时候，一只白熊突然抓住了他的肩头。情急之下，飞行员竟然一跃跳上了离地大约两米高的机翼！而且他是穿着笨重的皮靴、厚厚的大衣、肥大的裤子跳上去的！无独有偶，有一位中年妇女在火灾中竟然把一个柞木柜从三楼搬到了楼下，而事后是由三位壮汉才把柜子挪回原处的。那么，为什么飞行员能够跳得那么高，那位妇女的力气又是从哪来的呢？

经研究表明，人体中蕴藏着很大的潜力。这种潜力不仅能在危急情况下表现出来，也能在紧张的劳动和体育运动中表现出来。研究还发现，人不仅具有巨大的潜在体能，还有巨大的大脑潜力。研究者认为人体具有巨大的潜力，如果一个人能够发挥其大脑的一半功能，就可以轻易学会40种语言、背诵下来整套百科全书、取得12个博士学位……现在，有关人体潜力的问题已经形成了一门新兴的学科——人体最大潜力学，在未来我们将能够用科学的方法来开发自己的潜力。

▶ 踢足球的男孩

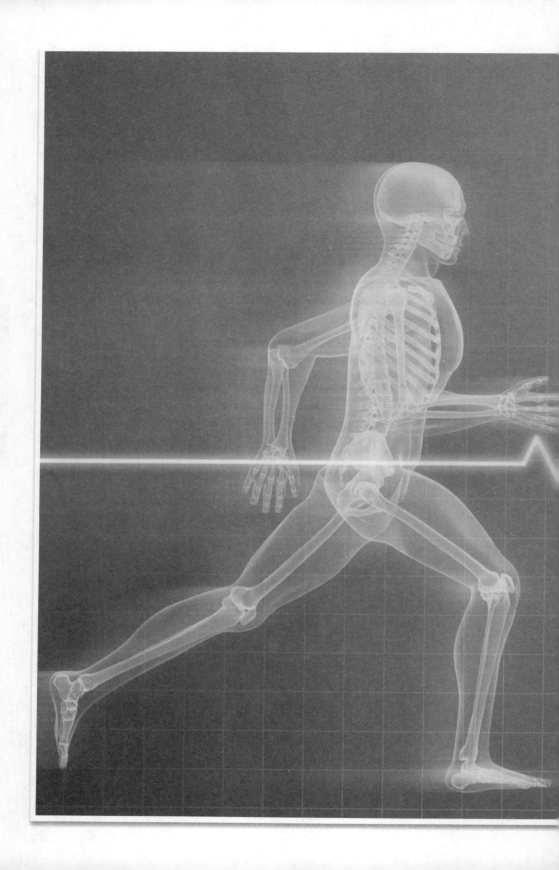

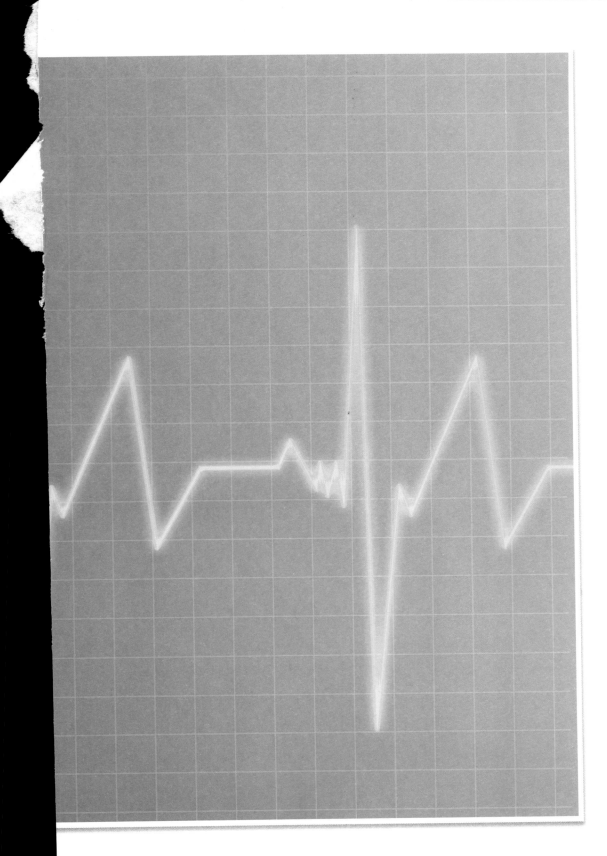